PAULO JORGE MAGALHÃES TEIXEIRA

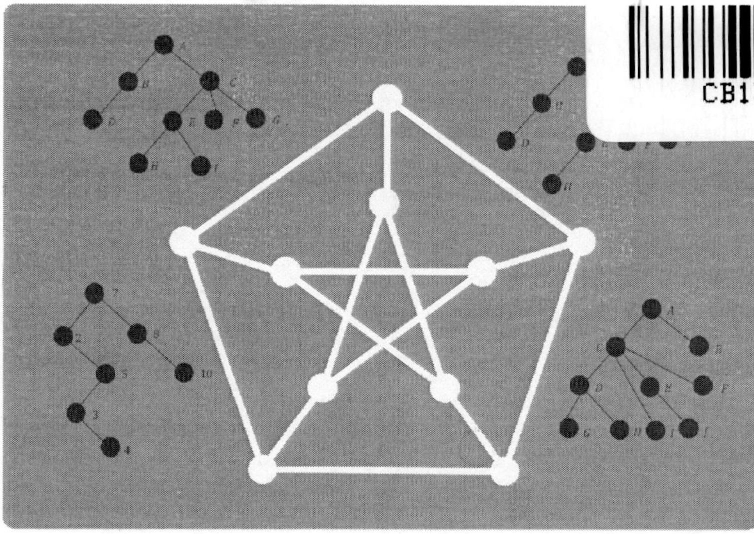

TEORIA DOS GRAFOS
TÓPICOS E PROBLEMAS

EDITORA CIÊNCIA MODERNA

Editor: Paulo André P. Marques
Produção Editorial: Dilene Sandes Pessanha
Capa: Daniel Jara
Diagramação: Carlos Arthur Candal
Copidesque: Equipe Ciência Moderna

FICHA CATALOGRÁFICA

TEIXEIRA, Paulo Jorge Magalhães.

Teoria dos Grafos: tópicos e problemas

Rio de Janeiro: Editora Ciência Moderna Ltda., 2022.

1. Matemática
I — Título

ISBN: 978-65-5842-191-7 CDD 510

Editora Ciência Moderna Ltda.
R. Alice Figueiredo, 46 – Riachuelo
Rio de Janeiro, RJ – Brasil CEP: 20.950-150
Tel: (21) 2201-6662/ Fax: (21) 2201-6896
E-MAIL: LCM@LCM.COM.BR
WWW.LCM.COM.BR

07/22

DEDICATÓRIA

Dedico este trabalho aos meus amados e queridos pais
FERNANDO TEIXEIRA MALTA (in memoriam)
e *ANA MAGALHÃES MALTA*,
de quem aprendi o caminho da honestidade,
caráter, retidão, luta, esforço, justiça, amor e
trabalho, razões de minha existência.
Igualmente, dedico este trabalho aos queridos irmãos
HILDA, LUÍS ANTÔNIO e ELIZABETE,
presentes não apenas neste livro, mas em tantas
outras realizações.

AGRADECIMENTOS

Desde já, agradeço a DEUS por ter me dado lucidez e entusiasmo para concluir este trabalho.

Cabe, aqui, nas primeiras páginas deste livro, retribuir a todos que me ajudaram nesta jornada: professores, alunos, colegas de trabalho e meus familiares, oferecendo a todos uma pequena parte de tudo o que foi aprendido com eles, e por meio deles.

Agradecimentos, também, aos alunos dos cursos de Licenciatura e Bacharelado em Matemática da UFF, os quais tiveram a oportunidade de aprender um pouco de Teoria dos Grafos com o autor em suas aulas de Matemática Discreta, cabem aqui um sincero e amplo agradecimento, e minha gratidão.

Pois, cada um deles a seu modo e tempo ajudou-me a melhorar os conhecimentos de conteúdo. Estes, por sua vez e em essência, permitiram que pudesse vir a escrever este livro com um olhar crítico diferenciado de um professor que não apenas lecionou a disciplina mas alguém que acompanhou mais de perto suas dificuldades com respeito à compreensão e o aprendizado do conteúdo.

E assim, por meio de falas e palavras, durante as reflexões, exposições e mediações permitiram ao autor trazer para este texto alguns pormenores que foram experenciados àquela época de ensino ao longo da apresentação e a exploração do conteúdo presente no programa da disciplina de graduação intitulada Matemática Discreta, tendo os alunos como sujeitos de avaliação.

Este livro é fruto de estudos e reflexões acerca de leituras e a prática pedagógica que o autor teve a oportunidade de vivenciar, aprender, aprofundar, conhecer, partilhar e pesquisar junto com os seus alunos e colegas professores no IME-UFF - Instituto de Matemática e Estatística da Universidade Federal Fluminense, como parte do programa da disciplina referida.

O autor considera que o livro contém uma parte do material didático básico inicial acerca dos conteúdos da Teoria dos Grafos, o qual pode ser ampliado conforme seja o programa de uma disciplina. Sendo assim, entende que o livro tem o propósito de fomentar o interesse dos leitores para esse importante ramo da Matemática, e a aplicação dos seus conceitos em problemas associados com o ramo da Pesquisa Operacional, bem como despertar curiosidades e interesses nos leitores em geral - amantes ou não da Teoria dos Grafos.

O autor estende os agradecimentos a todos os que tornaram possível concretizar mais este trabalho. Em particular, não esquece de todos os seus professores formadores, de todos os cursos em que se colocou como aluno e de todos os ensinamentos que foram aprendidos fora do ambiente de sala de aula, em encontros, seminários, palestras, congressos. Com imensa gratidão, o autor espera que cada um dos seus professores e formadores reconheça-se presente em uma ou mais partes que compõem este livro.

Para o autor, escrever este livro constituiu-se de importantes momentos, segundo os quais procurou trazer para as palavras tudo o que acredita ser o melhor, uma vez que sempre sentiu necessidade de contribuir, com um pouco que seja, para melhoria do ensino e da aprendizagem de conteúdos da Matemática. Em particular, conteúdos da Teoria dos Grafos.

Juntam-se a esses momentos a felicidade e a alegria de partilhar com todos os leitores o quanto de conhecimentos cumulou nos muitos anos de estudo e trabalho, repartindo os conhecimentos com todos, como deve ser.

Por fim, o autor gostaria de pedir a todos os leitores que se utilizarem deste livro, em particular os estudantes em formação inicial em Licenciatura e/ou Bacharelado em Matemática; estudantes dos cursos de Engenharia e áreas afins (que têm a teoria dos grafos como disciplina curricular para a formação acadêmica) e leitores em geral, para que escrevam para o seu endereço eletrônico paulojorge@id.uff.br relatando suas experiências com a compreensão dos conceitos e o desenvolvimento da obra.

Igualmente, o autor espera que todos se sintam à vontade para fazer críticas e sugestões que julguem oportunas para melhorar a compreensão e/ou a complementação desta obra.

Obrigado a todos.

Boa leitura!

SOBRE O AUTOR

Paulo Jorge Magalhães Teixeira é Doutor em Educação Matemática, pela UNIBAN – Universidade Bandeirante de São Paulo (atualmente, UNIAN – Universidade Anhanguera de São Paulo); Doutor em Ciências de la Educación, pela Universidad Americana; Mestre em Matemática (Álgebra Abstrata); Licenciado Pleno em Matemática e Bacharel em Matemática, ambos pela UFF – Universidade Federal Fluminense, e Bacharel em Engenharia Elétrica (ênfase em Eletrotécnica) pela UFRJ – Universidade Federal do Rio de Janeiro. É Professor Associado do IME (Instituto de Matemática e Estatística) da UFF – Universidade Federal Fluminense, atuando em disciplinas básicas dos Cursos de Engenharias, Licenciatura em Matemática e Especialização em Formação Continuada de Formação de Professores que ensinam Matemática na Educação Básica; Coordena o Grupo de Pesquisa "Observatório em Educação Matemática (OBSEM)", o qual elabora, desenvolve e aplica materiais didáticos, e investiga práticas docentes de professores que ensinam Matemática, relacionadas com o ensino e a aprendizagem de conceitos em programas de formação continuada. É autor de alguns artigos científicos que versam sobre o ensino e a aprendizagem de conceitos da Matemática e outros relacionados com a formação - inicial e continuada - de professores, e coordena pesquisas com foco na Formação de Professores que ensinam Matemática na Educação Básica. É autor de 7(sete) livros de Matemática, publicados pela Editora Ciência Moderna.

APRESENTAÇÃO

Este livro apresenta um panorama de conteúdos básicos introdutórios da Teoria dos Grafos, os quais são apresentados de modo entrelaçado com o propósito de o leitor se apropriar dos conceitos que são aplicáveis a problemas concretos presentes no ramo da Pesquisa Operacional.

Desde o início, o propósito de escrever este livro deveu-se à necessidade que o autor sentia em relação a apresentar os conteúdos básicos de Teoria dos Grafos a partir de situações gerais via conceitos e teoremas para aplicá-los em situações particulares por meio da modelagem de problemas concretos, notadamente presentes na área de otimização combinatória.

Mas aos poucos foi percebendo que para o leitor não seria interessante e profícuo encaminhar segundo essa ideia inicial. Assim, mesmo que nos 2 (dois) primeiros capítulos sejam abordados conceitos e definições mais gerais, em geral o mesmo não ocorre nos demais capítulos, os quais são mais informativos, sem muito aprofundamento da temática, por julgar ser a temática um pouco mais técnica e, portanto, que foge aos propósitos deste livro, quais sejam: o de indicar e de informar.

Tomando por base a experiência de lecionar a disciplina Matemática Discreta em um curso de graduação na Universidade Federal Fluminense com o conteúdo deste livro, o autor considera possível oferecer aos leitores, relevantes contribuições acerca das ideias básicas relativas à temática.

Assim, o autor espera que os conteúdos desenvolvidos no livro ajudem os leitores a melhor compreenderem o porquê de certos procedimentos poderem ser realizados no tocante à implementação de programas que contribuam para resolver problemas reais.

Portanto, a cada vez que o leitor se apropriar adequadamente de um conceito e entender quais resultados garantem este ou aquele procedimento que já faz uso (ou vai usar), poderia ou não fazer modificações que considere adequadas e convenientes em suas aplicações. Pra tal, levaria em conta reflexões oriundas do conteúdo apresentado no livro, considerando, naturalmente, as concepções de cada um.

O autor espera que a obra oportunize aos leitores em geral e aos alunos de cursos regulares de graduação que têm a teoria dos grafos em suas grades curriculares, a oportunidade de conhecer, compreender e se apropriar de conceitos básicos e de resultados necessários à resolução de alguns tipos de problemas e que, por exemplo, igualmente sirvam de base para a compreensão de outros conteúdos. Há, também, um propósito subliminar de desmitificar uma crença geral segunda a qual a teoria dos grafos é abstrata, fácil de ensinar e difícil de aprender.

Todas as considerações feitas ao longo do livro - e as sugestões que são apresentadas - expressam a interpretação do autor a respeito de diversos aspectos relacionados com o ensino da teoria dos grafos, tendo em vista que o autor experimentou a prática pedagógica com esta disciplina.

O autor espera que a obra se constitua de um livro de consulta para todos os leitores, e que ofereça contribuições para melhorar o ensino da temática. O conteúdo de todo o livro também tem o propósito de contribuir para uma formação matemática de futuros matemáticos - quando utilizado em turmas de Bacharelado em Matemática -, não obstante o autor conhecer outras obras que versam sobre a temática, algumas delas consideradas clássicas, como é o caso do livro Graph Theory, de Harary (1969).

Saudosismo à parte julgamos que nos dias de hoje, diferentemente do que era nos anos 70 e 80 do século passado, uma parcela considerável de alunos se interessa, primordialmente, pela aplicação da Matemática via a resolução de problemas reais, contando com tecnologia que viabiliza a obtenção de soluções ótimas.

Assim, o livro reflete um pouco do que foi possível ao autor identificar e conhecer acerca de alguns poucos conceitos considerados fundamentais, próprios à temática, que permeiam toda a Teoria dos Grafos.

Os conteúdos abordados neste livro são considerados básicos do ponto de vista da matemática superior, mas têm importância significativa na implementação de programas computacionais que visam a obtenção de soluções para problemas concretos.

Por esta razão e por outras, os conteúdos explorados ao longo deste livro devem merecer atenção especial dos estudantes e professores, já ao longo de toda a formação inicial.

SUMÁRIO

CAPÍTULO 1
O QUE SÃO GRAFOS?

1.1 Motivação

Embora o leitor ainda não saiba o que vem a ser um *grafo*, com respeito ao conceito, representações e significados em si, no seio da Matemática, acreditamos que a continuidade da leitura lançará luz a essa caracterização.

Mesmo que de início, por vezes, possa haver algumas poucas dúvidas que impeçam a plena e desejável compreensão que é requerida ter em relação a qualquer conceito, matemático ou não.

De início, é possível afirmar que os *grafos* são conceitos que fazem parte de um conteúdo matemático que é fonte imensa e inesgotável de problemas teóricos e de problemas aplicados.

São problemas cuja (s) solução (ões) precisa (m) ser obtida (s), discutida (s), caracterizada (s), avaliada (s) e qualificada (s) não somente no que refere ao fato de que ela (s) deve (m) satisfazer (em) às condições impostas no enunciado do problema que se está resolvendo, mas, sobretudo, sob o ponto de vista de que é preciso minimizar custos.

Portanto, será preciso avaliar se a (s) solução (ões) que atende (m) ao problema é (são) solução (ões) única ou se há mais que uma solução, de modo a contemplar aquela (s) que apresenta (m) o "menor custo possível".

Em sua maioria, os problemas de *grafos* são propostos por meio de enunciados de simples entendimento para o leitor (mesmo para os que ainda não estão familiarizados com os aspectos conceituais da teoria envolvida), embora possam esconder dificuldades para se obter a (s) solução (ões), em alguns casos.

Assim, por vezes, não obstante os enunciados serem de fácil compreensão para o leitor - para alguns tipos de problemas de grafos -, não são raras algumas resoluções que escondem uma sofisticada estrutura matemática segundo a qual tais grafos precisam ser modelados e, em seguida, as suas soluções serem encontradas.

Isto porque, e vez por outra, alguns problemas têm muitas variáveis envolvidas e entre elas há algumas que requerem "certo grau de importância" - mesmo que uma importância momentânea, para um particular problema em questão.

Assim, e em qualquer problema de *grafos*, será preciso que as variáveis "conversem entre si" com vistas ao encontrar a (s) solução (ões) que melhor atenda (m) o problema.

Por outro lado, tais "conversas" exigem modelar alguns difíceis métodos de procura e obtenção de suas soluções - nem sempre exatas, do ponto de vista da Matemática - mas que, mesmo assim e de imediato elas atendam às necessidades momentâneas (ou de curta duração).

Ou seja, soluções que "são factíveis ao momento desejado para resolver o problema uma vez que atendem às condições e às necessidades possíveis" para aquele particular momento.

Os grafos são uma fonte imensa e inesgotável de problemas teóricos ou aplicados onde, em sua grande maioria, os enunciados são de simples entendimento, mas que, muitas vezes, escondem uma sofisticada estrutura matemática em que precisam ser modelados e que, vez por outra, exigem difíceis métodos de procura e obtenção de suas soluções, nem sempre exatas. Neste trabalho abordamos apenas alguns aspectos de dois desses problemas e alguns de seus problemas-aplicação correlatos.

São inúmeros os problemas que podem ser modelados através das situações que iremos discutir adiante.

As diferentes aplicações desses conhecidos problemas necessitam de estruturas bastante complexas para a obtenção de soluções.

Vamos nos limitar a levantar os problemas e descrever as diferentes visões para atacar cada um dos problemas, deixando a parte da elaboração e implementação de algoritmos e a qualidade das soluções obtidas, para trabalhos futuros.

Neste livro abordaremos alguns aspectos diretamente relacionados com 2 (duas) abrangentes famílias de grafos: os "*grafos eulerianos*" e os "*grafos hamiltonianos*" (problemas teóricos), bem como tudo o que diz respeito às discussões que envolvem possibilidades de resolução para 2 (dois) problemas-aplicação correlatos, associados a essas famílias, respectivamente: o *"Problema do Carteiro Chinês"* (PCC) e o *"Problema do Carteiro Viajante"* (PCV).

São inúmeros os problemas-chave de caráter prático que podem ser modelados por meio de diferentes situações que podem/devem ser lançadas e discutidas no seio dessas 2 (duas) famílias de grafos.

Sobre esses problemas-chave reservamos a parte final do livro para tecer pertinentes comentários, adequações e a viabilidade de modelar problemas de *grafos* aos 2 (dois) problemas-aplicação, bem como discutir possibilidades de os resolver.

Em muitos casos, diferentes aplicações desses conhecidos problemas-chave necessitam de estruturas matemáticas bastante complexas para obter as suas soluções. Mas, sobre essas questões trataremos oportunamente.

Muitas vezes, mesmo que tais soluções para o problema que se quer resolver (o qual foi modelado por um ou mais grafos) não sejam consideradas como "soluções ótimas para o problema" do ponto de vista da teoria envolvida, é possível considerá-las como "soluções viáveis para o problema" uma vez que elas satisfazem às condições impostas pelo problema, mas não são consideradas "soluções ideais" ("soluções ótimas") sob o ponto de vista do custo envolvido não ser o ideal.

Assim, as "soluções viáveis para o problema" podem ser consideradas como possibilidades de solução para o problema quando atendem às necessidades imediatas para a sua utilização - para cada particular problema em questão assim modelado.

Devido à enorme complexidade que há para discutir essas muitas questões (e outras, que vêm em decorrência) que aqui foram colocadas, e não apenas por conta do enorme número de variáveis envolvidas nos problemas em questão, neste livro vamos nos limitar a levantar apenas algumas questões pertinentes a alguns tipos de problemas, e a descrever visões distintas para atacar cada um deles.

Questões relativas à elaboração e implementação de algoritmos, e à análise da qualidade das soluções obtidas são deixadas para pesquisadores e estudantes que precisam resolver problemas práticos de pesquisa que visam atender a particulares aplicações da teoria dos *grafos*.

1.2 Modelagem em grafos

Um dos mais importantes aspectos no campo de pesquisa em Matemática, no que refere as suas aplicações em diferentes áreas: física, química, ciência da computação, pesquisa operacional, ciências sociais, biologia e outras, é o de construir um modelo matemático para uma dada situação concreta, bem como acerca da influência deste modelo, possivelmente, para a obtenção de outros modelos correlatos, ou não.

Certamente, está é uma das razões do porque a teoria dos grafos ter se expandido tão rapidamente durante as últimas décadas. E tal é perfeitamente possível para a descoberta de novas estruturas, por meio de inspeção acerca de quais modelos serão avaliados de modo a serem formulados a posteriori.

Tendo um modelo matemático para uma estrutura no mundo real e natural (e seu desempenho tendo sido bem sucedido), o olhar para variações do modelo com possibilidades (por escolha de parâmetros estruturais) são figuras abstratas de outras conhecidas estruturas do mundo real.

Um diferente aspecto é a *otimalidade* de algumas estruturas com respeito a diferentes critérios. Assim, a *otimalidade* pode ser melhor estudada pela inspeção de todos os modelos que têm a mesma formação típica.

Para a razão mencionada, em teoria dos grafos e aplicações há um grande número de grafos de um dado tamanho e tipo para listar e catalogar. Assim sendo, catálogos de grafos são largamente utilizados para uma variedade de utilidades.

Entretanto, como o tamanho dos grafos a serem considerados é grande, uma listagem exaustiva é algo considerado impossível.

Em algumas situações, o estudo de configurações de grafos típicos ou a avaliação do desempenho de um algoritmo em suas configurações é o desejável para gerar essas configurações uniformemente randômicas.

1.3 Considerações teóricas básicas

Um grafo não orientado G, ou simplesmente grafo G, é um par (V, E), onde V é o conjunto de vértices V = $\{v_1, v_2, ..., v_n\}$ e E é o conjunto de arestas E = $\{e_1, e_2, ..., e_n\}$.

Indicaremos por $|V|$ = n a quantidade de vértices e $|E|$ = m a quantidade de arestas, pertencentes ao grafo G.

Cada aresta é um subconjunto de V com 1 (um) ou 2 (dois) vértices. Indicaremos uma "aresta *e*" por {e} ou, quando for necessário indicar os vértices u e v como extremidades dessa aresta, indicamos por {u, v} ∈ E, ou e = {u, v}, para vértices u e v distintos, ou então, que a aresta incide sobre os vértices u e v. Ou ainda, indicamos a aresta unitária por (u) ou e = {u} para um só vértice u. Neste último caso, a "aresta *e*" é dita um laço em torno do vértice u. Uma aresta unitária, da forma e = {v} é dito um laço.

Dada uma aresta *e* = {v, w} ∈ E, os vértices v e w são denominados de extremidades da aresta *e*, ou então, que a aresta *e* incide sobre os vértices v e w.

O grau de um vértice é o número de arestas que nele incidem.

Um grafo G_1 é dito um subgrafo de G = (V, E), se G_1 = (V_1, E_1) onde V_1 é subconjunto de vértices de V = $\{v_1, v_2, ..., v_n\}$ e E_1 é subconjunto de arestas de E = $\{e_1, e_2, ..., e_n\}$.

Um *multigrafo* é um grafo em que há pelo menos um par de vértices, que tem pelo menos 2(duas) arestas adjacentes entre si.

Neste livro, todos os grafos que serão considerados são finitos (possuem um número finito de vértices) e não possuem laços.

Se diz que 2 (dois) vértices são adjacentes ou vizinhos entre si quando são extremidades de uma aresta.

Um grafo é dito completo quando todo vértice é vizinho dos demais vértices.

Um clique em um grafo G com n vértices é um *subgrafo completo* de G com k vértices (k < n).

O conjunto de vizinhos de um vértice v é o conjunto N(v) = {w ∈ V / {v,w} ∈ E}.

A cardinalidade #(N(v)) (ou $|N(v)|$) é dita o grau de v, e indicado por d(v).

Um caminho em G = (V, E) é uma sequência de k > 0 vértices (v_1, v_2, ...,v_k) tal que:

- Ou $k = 1$, e o caminho é dito unitário;
- Ou $k > 1$, e $\{v_j, v_{j+1}\} \in E$ para $1 \leq j \leq k - 1$.

Em ambos os casos o comprimento do caminho é igual a $k - 1$.

Um caminho é dito *caminho simples* se os vértices que o constituem são, todos eles, distintos.

Um caminho é dito *caminho hamiltoniano* se é composto por uma sequência de arestas que percorre os vértices do grafo uma e somente uma única vez.

Um circuito simples é dito caminho hamiltoniano se é um caminho hamiltoniano que, partindo de um vértice (qualquer vértice de um grafo G conexo), retorna ao vértice inicial de tal modo que, exceto para o vértice inicial, foi percorrido um caminho hamiltoniano. Assim, fica formado um circuito com todos os vértices do grafo G e, portanto, todos os vértices desse circuito têm grau igual a 2 (dois).

Um *circuito (ciclo)* é um caminho de comprimento maior que ou igual a 3, em que o primeiro e o último vértice coincidem.

Um *circuito (ciclo) simples* é um caminho de comprimento maior que ou igual a 3 em que somente o primeiro e o último vértices coincidem.

Um grafo que não possui ciclos é dito acíclico.

Um *percurso* é um conjunto de ligações sucessivas adjacentes em que cada ligação tem uma extremidade em conexão com a ligação anterior e a outra extremidade em conexão com a ligação seguinte, exceto em relação à primeira e à última ligação. Na situação em que a última ligação da sucessão seja adjacente à primeira ligação diz-se que o percurso é fechado. Em caso contrário, diz-se que o percurso é aberto. É natural pensar que um percurso possa conter um ou mais subpercursos fechados.

Um grafo é dito conexo quando existir pelo menos um caminho entre cada par de vértices. Caso contrário, o grafo é dito desconexo.

Uma árvore é um grafo conexo e acíclico.

Seja G um grafo com n vértices e m arestas. Um caminho é dito hamiltoniano se é composto por uma sequência de arestas que percorre os vértices do grafo uma e somente uma única vez.

Um circuito é dito hamiltoniano se é um caminho hamiltoniano que partindo de qualquer vértice do grafo retorna ao vértice inicial de tal modo que, exceto para o vértice inicial, foi percorrido um caminho hamiltoniano.

Assim, fica formado um circuito com todos os vértices do grafo G e, portanto, todos os vértices desse circuito têm grau igual a 2 (dois).

Assim, o TSP (*Traveling Salesman Problem*), PVC (Problema do Caixeiro Viajante), pode ser modelado como um problema de grafos e formulado como:

Dado um grafo G com n vértices e m arestas, deseja-se determinar um circuito hamiltoniano em G com custo mínimo, ou seja: deseja-se minimizar o custo de um circuito hamiltoniano C em G, dado por Min Z = c(C), onde c(C) = $\sum_{j=1}^{m} C(e_j)$, onde e_j indica a aresta do caminho hamiltoniano e C (e_j) é o custo de cada aresta desse circuito.

1.4 Representação de um grafo

Um esquema de representação é uma maneira alternativa de exibir os grafos de uma determinada família.

Assim, o resultado obtido pela aplicação de um esquema a um grafo G = (V, E), onde $|V|$ = n, $|E|$= m e E = {(u, v) / u ∈ V, v ∈ V} é chamado *representação para o grafo G*.

Em uma representação, é preciso que fique explícito quais são os ***n*** vértices e os ***m*** pares de vértices (as ***m*** arestas).

Portanto, uma vez que a representação de um grafo tenha apresentada, deve ser possível que os conjuntos de vértices e de arestas do referido grafo possam ser deduzidos sem ambiguidades.

A seguir, apresentamos alguns esquemas de representação de grafos.

1.4.1 Esquema 1

O esquema de representação mais usual para grafos arbitrários é o esquema *planar* (ou esquema geométrico). Esse tipo de esquema é tal que:

- Todo grafo pode ser representado sobre uma superfície plana por meio de um conjunto de pontos e segmentos de curvas, de tal modo que a cada vértice do grafo corresponda um ponto e a cada aresta do grafo corresponda um segmento de curva interligando os pontos associados às suas extremidades;
- Uma representação planar de um grafo não é única.

1.4.2 Esquema 2

Outro esquema de representação de um grafo consiste em mencionar, para todo vértice v ∈ V, o seu conjunto de vizinhos N(v), construindo um conjunto de pares da forma {(v, {N(v)}) / v ∈ V}. Em uma representação obtida por esse esquema, são mencionados $\sum_{v \in V} [1 + |N(v)|] = n + 2m$ termos. Ou seja, em uma representação obtida por meio desse esquema são mencionados termos associados ao grafo em questão.

Exemplo 3.1.2.1 - Subfamília dos grafos conexos cujos vértices possuem grau 2.

Uma caracterização equivalente em relação a esta subfamília de grafos seria dizer que os grafos integrantes desta família são ciclos simples, sem arestas interiores (cordas). Portanto, grafos com ***n*** vértices desta família possuem exatamente ***n*** arestas.

O esquema de representação por vizinhos exige a nomeação de n + 2n = 3n elementos. Por exemplo, considere o ciclo desenhado na Figura 1, a seguir, e o seu esquema de representação, como apresentado abaixo:

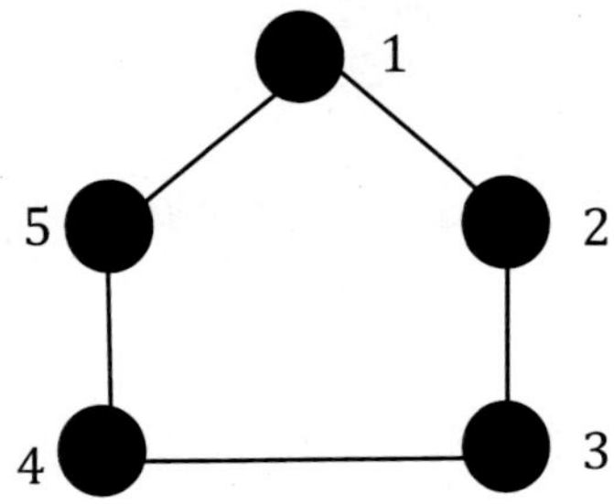

{(1, {2,5}), (2, {1,3}), (3, {2,4}), (4, {3,5}), (5, {1,4})}.

Figura 1: Um ciclo simples com 5 (cinco) vértices, e o esquema de representação por vizinhos. Fonte: o autor.

1.4.3 Esquema 3

Um esquema alternativo mais compacto para representar tais grafos pertencentes à subfamília dos grafos conexos, cujos vértices possuem grau 2, é utilizar uma sequência de ***n*** vértices dispostos na mesma ordem em que figuram no ciclo, assim: <<1,2,3,4,5>>. Esta representação não é única, pois o mesmo grafo poderia ser representado por <<1,5,4,3,2>> ou <<2,3,4,5,1>>, por exemplo.

1.5 Famílias de grafos

Quando 2 (dois) ou mais grafos têm particularidades próprias entre si, dizemos que eles pertencem a uma mesma família de grafos conforme características comuns que os definem.

Assim, podemos definir uma "família de grafos" como o conjunto (finito ou não) de todos os grafos que satisfazem a uma ou mais propriedades (as quais caracterizam essa família) que precisam ser claramente atendidas por todos os seus elementos.

Normalmente, a definição de uma família de grafos consiste em mencionar a propriedade satisfeita pelos grafos que a constituem.

Como o conjunto de todos os grafos é infinito, o máximo que podemos afirmar é que um grafo pode pertencer a mais de uma família, de acordo com a caracterização a ela dada. Assim, o universo dos grafos tem sido largamente estudado por meio de diferentes famílias com suas características específicas.

Por conta dessas razões, o grande desafio da comunidade de pesquisadores da Teoria dos Grafos que se ocupam de problemas associados a ela consiste em:

- Estabelecer condições que caracterizam com precisão os elementos de cada família assim definida;
- Encontrar condições que permitam determinar o total de elementos de cada família; e
- Definir a (s) maneira (s) possível (is) de se construir (em) grafos que atendam às propriedades estabelecidas para cada uma das famílias.

Entre essas famílias podemos destacar:

* a *família dos grafos planares* (aqueles em que sua representação no plano seja de tal modo que quaisquer duas arestas não se cruzem, ou seja, possam até ter um vértice em comum).

* a *família das árvores* (aqueles grafos que são conexos e acíclicos com o menor número de arestas);

* a *família dos grafos isomorfos* (aqueles grafos em que há uma bijeção entre os conjuntos de vértices de cada um deles e em que as adjacências entre arestas são preservadas).

Como dito, também, entre essas famílias de grafos podemos destacar as características presentes em 2 (duas) abrangentes famílias de grafos: "*grafos eulerianos*" e "*grafos hamiltonianos*" (problemas teóricos), conforme as respectivas particularidades apresentadas como a seguir:

* *a família dos grafos eulerianos* (formada por grafos em que é possível se verificar a existência de um ***circuito*** (ou ***ciclo***) que inclua cada aresta exatamente uma única vez).

Problema-aplicação correlato: O Problema do Carteiro Chinês (PCC).

Como tratar os circuitos (ou ciclos) eulerianos?

O problema foi estudado pela primeira vez por Euler (1707-1783) e por essa razão um circuito que percorre cada aresta de um grafo exatamente uma vez é dito um circuito euleriano, e todo grafo que possui um tal circuito é chamado grafo euleriano.

A situação estudada por Euler ficou conhecida como o Problema das Pontes de Könisberg (hoje, chamada de Kaliningrado), e está ilustrado na Figura 2, a seguir.

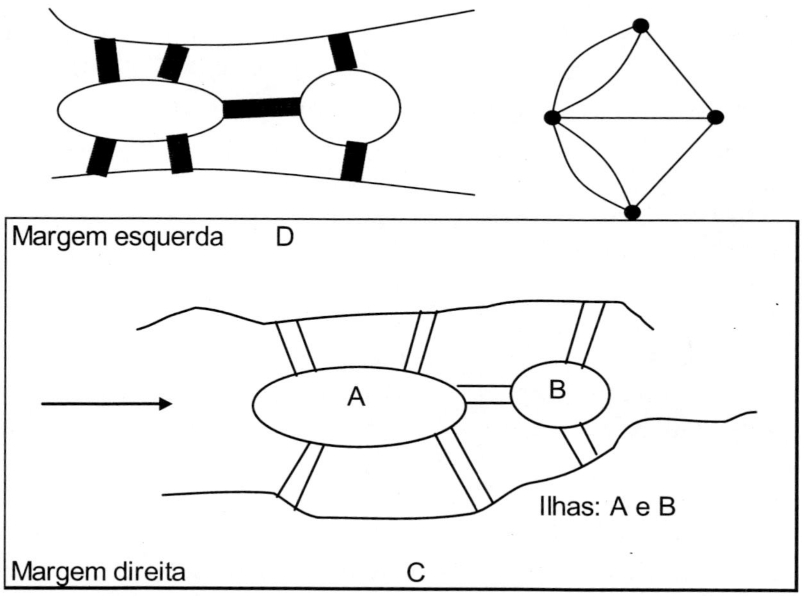

Figura 2 – O Problema das Pontes de Könisberg e o grafo associado.
Fonte: o autor.

O objetivo, na ocasião em que foi enunciado, era saber se é possível percorrer, exatamente uma vez, todas as 7 (sete) pontes da cidade que conectam as 2 (duas) ilhas entre si e estas ilhas com as margens do rio e voltar ao ponto de partida. Eis as 7 (sete) pontes: a ponte que conecta as duas ilhas A e B entre si, e as 6 (seis) pontes que conectam as ilhas A e B com as margens C e D do rio.

Na linguagem da Teoria dos Grafos trata-se de verificar se é ou não possível *encontrar um circuito euleriano no grafo* da Figura 1, acima, à direita, no qual os vértices A, B, C e D representam as ilhas e as margens, e as arestas representam as pontes.

Na verdade, segundo a Teoria dos Grafos, e como foi visto, o grafo desenhado acima, Figura 2, trata-se de um *multigrafo*, uma vez que há pares de vértices (A e C; A e D) que têm mais que uma aresta adjacente entre si. Euler mostrou que tal circuito não existe através de um argumento extremamente simples, a saber:

Considere, por exemplo, a ilha da direita (indicada por B). Um circuito qualquer deve chegar à ilha e sair dela o mesmo número de vezes. Logo, para que exista um *circuito euleriano* deve haver um número par de pontes com extremidade nesta ilha. Como na ilha B existem 3 (três) pontes nessas condições, concluímos que não é possível encontrar um *circuito euleriano*.

De modo mais geral a existência de um *circuito euleriano* está condicionada ao fato de todos os vértices do grafo atenderem a esta condição. Portanto, de modo mais geral tem-se o seguinte teorema:

Teorema:

Um grafo possui um circuito euleriano, se e somente se, o grafo é conexo (isto é, existe um caminho ligando qualquer par de vértices) e cada vértice tem grau par (ou seja, há um número par de arestas que nele incide).

O argumento acima mostra a necessidade de se ter grau par em cada vértice de um grafo de modo a existir um *circuito euleriano*. É natural, também, a necessidade de o grafo ser conexo.

* *a família dos grafos hamiltonianos* (formada por grafos em que é possível se verificar a existência de um **circuito** (ou **ciclo**) que inclua cada vértice exatamente uma única vez). Há grafos em que a verificação de existência de um circuito torna-se tarefa extremamente complexa.

Problema-aplicação correlato: O Problema do Carteiro Viajante (PCV).

Como tratar os *circuitos hamiltonianos*?

Um circuito passando exatamente uma única vez por cada vértice de um grafo é chamado de *circuito hamiltoniano* em homenagem ao matemático irlandês William Rowan Hamilton (1805-1865), que estudou este problema no grafo determinado pelas arestas de um dodecaedro regular. Um grafo que possui um *circuito hamiltoniano* é então chamado de *grafo hamiltoniano*.

Apesar de terem sido estudados por vários séculos, até os dias de hoje ainda não há uma boa caracterização acerca dos grafos hamiltonianos. Há diversas famílias de grafos para os quais existe um *circuito hamiltoniano*:

- Um exemplo trivial é um grafo completo, em que cada vértice é ligado a todos os outros;
- Outro exemplo trivial é um ciclo simples;

Também é possível estabelecer certas condições que implicam na não existência de um circuito hamiltoniano em um dado grafo, conforme os teoremas que serão apresentados em prosseguimento. Mas, *uma caracterização geral acerca dos grafos hamiltonianos, ainda não foi encontrada.*

E, considerando todos os avanços que já foram obtidos em teoria da computação, nas últimas décadas, parece improvável que uma *caracterização geral acerca dos grafos hamiltonianos* seja encontrada algum dia (opinião pessoal do autor).

O problema de decidir se um grafo é hamiltoniano está na mesma listagem de diversos outros problemas ilustres que têm as seguintes características em comum:

- O problema possui uma assimetria fundamental: é muito fácil convencer alguém da existência de um circuito hamiltoniano em um grafo, pois, para tal, basta exibir tal circuito (caminho). No entanto, é difícil, em geral, convencer alguém acerca da não existência de um tal circuito hamiltoniano em um grafo dado. Em um grafo que não possui um circuito hamiltoniano não existe um argumento simples e geral para demonstrar esse fato, pois em muitos grafos, os teoremas que asseguram tal condição são de constatação complexa;

- Não se conhece um algoritmo eficiente (de complexidade polinomial) para verificar se um grafo é hamiltoniano. Por eficiente, entende-se um algoritmo em que o número de passos seja limitado por um polinômio no número de vértices do grafo, ou seja, um algoritmo de complexidade polinomial.

Além disso, parece improvável que tal algoritmo possa algum dia ser encontrado, pois a sua existência implicaria na existência de algoritmos eficientes para um grande número de outros problemas para os quais também não se conhecem algoritmos eficientes.

Estes problemas (incluindo o de verificar a existência de circuito hamiltoniano) formam uma classe de problemas chamados de NP-completos. Mais adiante, serão apresentadas pertinentes considerações acerca de tais problemas.

Um outro problema famoso da classe dos NP-completos é o de determinar o número mínimo de cores que podem ser usadas para colorir os vértices de um grafo, de modo que vértices de mesma cor "não sejam ligados por uma aresta". Tal problema é conhecido como Problema Quadrático de Alocação (PQA).

Embora os grafos pertencentes às 2 (duas) famílias indicadas acima sejam, aparentemente, semelhantes, há algumas diferenças fundamentais entre eles. Ou seja, se os seguintes problemas a serem resolvidos são estes:

"Dado um grafo, verificar se existe um circuito (ou ciclo) euleriano ou verificar se existe um circuito (ou ciclo) hamiltoniano", estamos diante de 2 (dois) problemas cujas soluções são de graus de dificuldade bastante díspares.

Essas duas últimas famílias de grafos fazem parte do objeto fundamental de discussão dos problemas que iremos abordar neste livro. Em uma linguagem simples, diríamos que o primeiro é um probleminha de grafos, enquanto o segundo é um problemão de grafos. Mais adiante atacaremos essas questões, em separado, claro.

Em prosseguimento - no tocante à caracterização de particulares famílias de grafos - é possível considerar, entre outras famílias, também as seguintes:

- *A **família das árvores*** (formada por aqueles grafos que são conexos e acíclicos (que não apresentam ciclos), com número mínimo de arestas);
- *A **família dos grafos isomorfos*** (formada por aqueles grafos em que há uma bijeção entre os conjuntos de vértices de cada um deles, e tais que as adjacências entre as arestas de ambos são preservadas. Isto é, há uma bijeção entre si, e que preserva a adjacência);
- A **família dos grafos planares** (formada por aqueles grafos em que a sua representação no plano seja de tal modo que quaisquer 2 (duas) arestas não se cruzem. Ou seja, 2 (duas) arestas podem até ter um vértice em comum).

O grande desafio da comunidade de Teoria dos Grafos tem sido o de estabelecer condições que caracterizam com precisão os elementos de cada família assim definida, e encontrar condições que permitam determinar o total de elementos de cada família e o modo de ser possível construir grafos que atendem às propriedades estabelecidas.

Assim, decidir, por exemplo, quando 2 (dois) grafos finitos G_1 e G_2 são **isomorfos** é um problema de difícil solução pois, inicialmente, como condição necessária, é preciso que ambos tenham a mesma quantidade de vértices, digamos uma quantidade igual a n.

Em seguida, dentre as n! possíveis bijeções de G_1 para G_2, será preciso exibir pelo menos uma bijeção que associe de modo biunívoco os vértices dos dois grafos G_1 e G_2, verificando se a relação de adjacências entre o conjunto de arestas de G_1 fica preservada no conjunto de arestas de G_2.

Até o momento *não há na literatura matemática um algoritmo de complexidade polinomial que permita verificar se 2 (dois) grafos quaisquer* (grafos que não pertencem a uma mesma família conhecida, ou ainda não caracterizada no momento da verificação), *são isomorfos*.

Ademais, tampouco até o momento também não foi provado que tal algoritmo não existe. Trata-se, portanto, de um problema da classe dos problemas NP-completos.

Assim, ao convidar você, caro leitor, para refletir a respeito do problema de decidir se 2 (dois) grafos são isomorfos, estamos lhe apresentando um "*problema em grafos*", pois você vai começar por tentar resolver um problema sem que saiba de antemão se esse tal problema terá ou não solução.

Diferentemente desse problema, se eu o convidasse para refletir a respeito do problema de ter de apresentar um *circuito euleriano* em um grafo que a priori você já sabe ser um grafo *euleriano*, pois tal verificação é simples, diria que estou lhe apresentando um "*probleminha em grafos*", diante do qual você saberá quais são as ferramentas que deverá utilizar para resolvê-lo.

Ademais, você também sabe que possivelmente pode até demorar algum tempo para encontrar o circuito *euleriano* mas sabe que tal circuito existe e, então, bastará que tenha calma e atenção para determiná-lo.

CAPÍTULO 2
CONSIDERAÇÕES TEÓRICAS ACERCA DE ÁRVORES

2.1 Definições, teoremas, lemas, corolários e exemplos

2.1.1 Definição

Diz-se que um grafo G é uma árvore, se G é um grafo conexo e acíclico. Ou seja, uma árvore é um grafo sem ciclos.

2.1.2 Notação

Uma árvore será denotada por T = (V, E) (do inglês "tree").

2.1.3 Definição

Diz-se que um grafo G é uma floresta, se G é um grafo acíclico. Todos os componentes conexos de uma floresta são árvores.

2.1.4 Teorema

Um grafo T é uma árvore, se e somente se, todo par de vértices de T é unido por um único caminho.

Prova:

Seja T uma árvore.

Suponha, por contradição, que existem 2(dois) caminhos distintos P_1 e P_2 entre os vértices v e w de T. Como os caminhos são distintos, existem vértices t_1 e t_2 tais que as seções de P_1 e P_2, entre t_1 e t_2, são totalmente disjuntas.

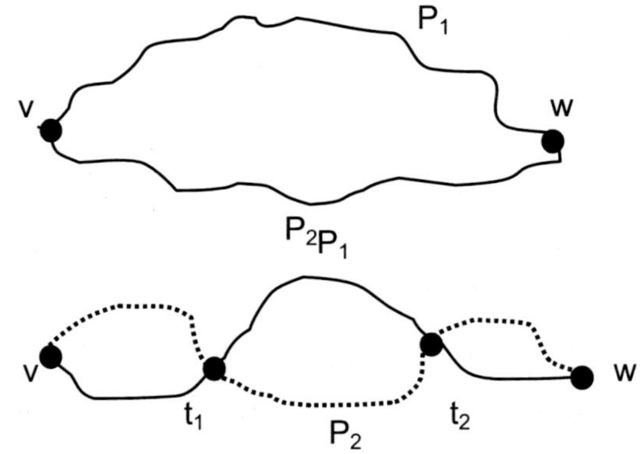

Figura 2.1 – Uma árvore tem um só caminho entre dois quaisquer de seus vértices. Fonte: o autor.

Assim, considerando a união dessas seções (P_1 $(t_1 - t_2) \cup P_2$ $(t_1 - t_2)$), temos um ciclo formado e isto, naturalmente, é uma contradição.

Logo, se T é uma árvore, para todo par de vértices de T existe um único caminho entre eles.

Suponha, agora, que para todo par de vértices de T existe um único caminho entre eles. Logo, T é conexo.

Falta agora, então, mostrar que T é grafo acíclico.

Suponha que T é cíclico, ou seja, que T contém algum ciclo Ĉ, e seja e = (u, v) uma aresta no ciclo Ĉ, como mostrado abaixo:

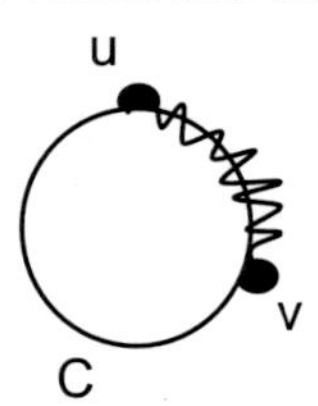

Figura 2.2 – Uma aresta em um ciclo. Fonte: o autor.

Então, Ĉ - e = Ĉ - (u, v) é um caminho em T entre os vértices u e v, contradizendo a hipótese de que o caminho entre dois vértices era único. Portanto, T é grafo conexo e acíclico e, então, por definição, T é uma árvore. ■

2.1.5 Teorema

Seja T = (V, E) uma árvore tal que |V| = n e |E| = m. Então, m = n - 1.

Prova:

Seja T = (V, E) uma árvore, tal que |V| = n, |E| = m.

Vamos fazer a prova por indução no número de vértices de T.

Para n = 1, temos que: m = 0 = n - 1 = 1 - 1. Verdadeira para n = 1.

Suponha, como hipótese de indução, que o resultado é válido para toda árvore com quantidade de vértices menor que n vértices, para n > 1.

Então, T possui pelo menos uma aresta e = (v, w).

Se removermos a aresta e = (v, w) de T, teremos 2(dois) componentes conexos T_1 e T_2, sendo ambos árvores, e o grafo T possui menos que n vértices.

Seja $|V(t_1)| = n_1$; $|E(t_1)| = m_1$; $|V(t_2)| = n_2$; $|E(t_2)| = m_2$.

Logo, a hipótese de indução vale para T_1 e para T_2, ou seja: $m_1 = n_1 - 1$ e $m_2 = n_2 - 1$.

Mas, $|V(t)| = n = (|V(t1)| = n_1) + (|V(t_2)| = n_2) = n_1 + n_2$.

$|E(t)| = m = |E(t_1)| + |E(t_2)| + 1 = n_1 - 1 + n_2 - 1 + 1 = n_1 + n_2 - 1 = n - 1$.

Então, o resultado é válido para toda árvore com n elementos, n ≥ 1. ■

2.1.6 Definição

Seja T = (V, E) uma árvore. Um vértice v de T é dito uma folha se d(v) = 1.

2.1.7 Teorema

Toda árvore não trivial, ou seja, |V(T)| ≥ 2 tem pelo menos 2(duas) folhas.

Prova:

Todo grafo conexo com pelo menos 2 (dois) vértices tem uma aresta.

Considere um caminho maximal em uma árvore.

Os vértices extremos desse caminho são, necessariamente, de grau 1 (pois se não fossem de grau 1, o caminho poderia ser prolongado, e então não mais seria um caminho maximal).

Logo, os vértices extremos desse caminho são 2(duas) folhas de T. ■

2.1.8 Lema

Seja T = (V, E) uma árvore com n vértices, e v uma folha de T. Então, T- v é *uma árvore com exatamente n - 1 vértices.*

Prova:

Seja v uma folha de T e T' = T - v.

Sejam u e w $\in$ V(T), u $\neq$ v e w $\neq$ v , e P um caminho entre u e w. É claro que v não está em P. Logo, P é também um caminho em T'. Logo, T' é conexo. A remoção do vértice v não cria ciclos em T'. Então, T' é uma árvore com n - 1 vértices. ■

2.1.9 Definição

O centro de uma árvore é definido como C(T) = {v$\in$ V(T) / e(v) é mínima}. Essa é uma particular definição do centro de um grafo, como visto antes.

2.1.10 Teorema

[Jordan, 1869]: O centro de uma árvore T tem exatamente um vértice ou exatamente 2(dois) vértices, adjacentes entre si.

Prova:

Vamos fazer a prova por indução no número de vértices de T.

Se |V(T)| = 1, então C(T) = {v} e, assim, |C(T)| = 1.

Se |V(T)| = 2, então V(T) = {u, v} e, assim, |C(T)| = 2.

Logo, a proposição é verdadeira para n = 1 e para n = 2.

Suponha, então, que o resultado é verdadeiro para toda árvore com menos de n vértices, sendo n > 2.

Seja T uma árvore qualquer com n vértices.

Seja F = {v$\in$V(T) | d(v) | = 1}, ou seja, F é o conjunto das folhas de T.

Seja T' = T – F.

Pelo 2.7 Lema, T' é uma árvore com menos de n vértices. Logo, a hipótese de indução se aplica à árvore T'.

Observe que, para todo vértice u$\in$V(T), o vértice que está a uma distância máxima de u é, necessariamente, uma folha, pois T é grafo conexo. Logo, os vértices de excentricidade máxima são as folhas e, então, C(T)$\cap$ F = $\emptyset$.

Como todas as folhas foram removidas de T, e nenhum caminho entre 2(dois) vértices interiores de T passam por folhas, temos que eT′ (u) = eT (u) - 1.

Ou seja, os vértices de excentricidade mínima em T' são iguais aos vértices de excentricidade mínima de T.

Temos, então, que C(T) = C(T') e, portanto, vale o resultado para T, n ≥ 1. ■

2.1.11 Definição

Seja G = (V, E) um grafo. Uma aresta ***e***∈E é dita uma ponte, ou uma aresta de corte, se p(G - ***e***) > p(G). Se G é conexo, dizemos apenas que ***e*** é uma aresta cuja remoção desconecta o grafo G.

2.1.12 Exemplo

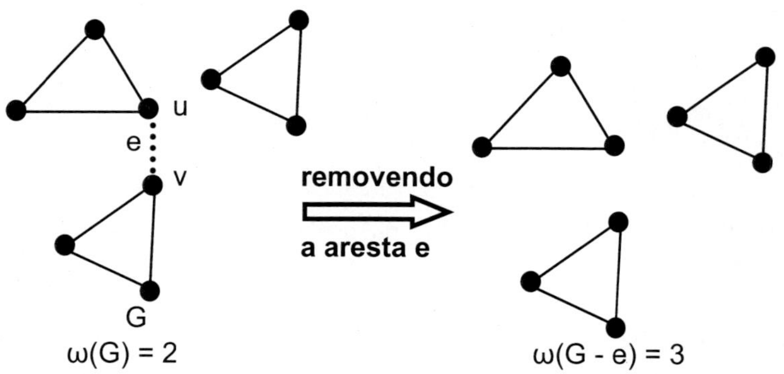

Figura 2.3 – Uma ponte em um grafo. Fonte: o autor.

2.1.13 Teorema

- Uma aresta ***e*** é uma ponte de G, se e somente se, não existir ciclo contendo a aresta ***e***.

Prova:

Seja ***e*** = (v, w)∈E(G) uma ponte de G. Logo, p(G - ***e***) > p(G) e, além disso, v e w, os vértices extremos da aresta ***e***, estão em componentes conexas distintas.

Suponha, por contradição, que existe um ciclo Ĉ contendo a aresta ***e***. Logo, Ĉ - ***e*** é um caminho entre v e w em G - ***e***, contradizendo o fato de que estavam em componentes conexas distintas.

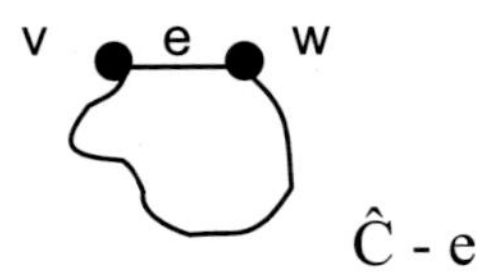

Figura 2.4 – Uma ponte em um ciclo. Fonte: o autor.

Agora, suponha que não existe um ciclo contendo a aresta ***e*** e, por contradição, suponha que a aresta ***e*** não seja ponte de G.

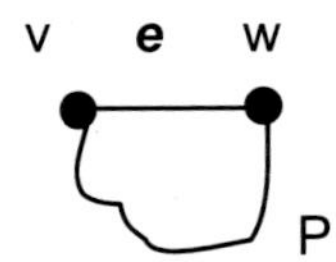

Figura 2.5 – Uma ponte em um grafo. Fonte: o autor.

Então, p(G - ***e***) = p(G). Entre v e w em G existe a aresta ***e***. Em G - ***e*** deve existir um caminho P entre v e w. Ou seja, P + ***e*** é um ciclo em G. Isso é uma contradição. Portanto, ***e*** é uma ponte de G. ■

2.1.14 Corolário

Seja G = (V, E) um grafo conexo. T é uma árvore se, e somente se, cada aresta de T for uma ponte.

Prova:

Suponha que T é uma árvore. Logo, por definição, T é grafo conexo e acíclico e, portanto, pelo 2.1.13 Teorema toda aresta de T é uma ponte.

Por outro lado, suponha que toda aresta de T é uma ponte. Daí, pelo mesmo teorema, não existe ciclo em T que contenha qualquer aresta de T e, então, T é acíclico e conexo. Portanto, T é uma árvore.

2.2 Árvores Geradoras

2.2.1 Definição

Uma árvore geradora de um grafo G conexo é um subgrafo gerador de G que é uma árvore.

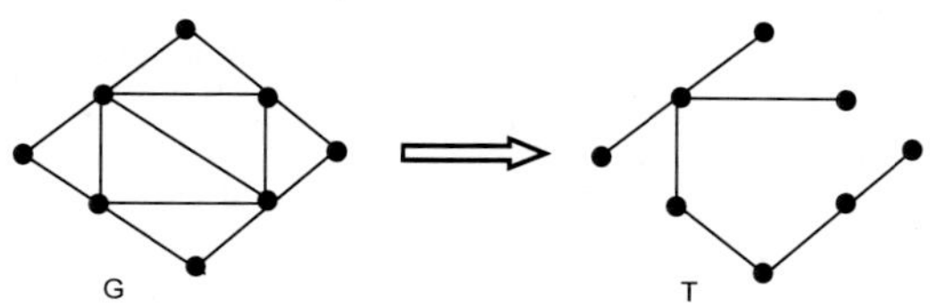

Figura 2.6 – Um subgrafo gerador de G, que é uma árvore. Fonte: o autor.

De modo análogo, podemos definir uma floresta geradora. Assim, uma árvore geradora é o subgrafo gerador minimal conexo de um grafo G conexo onde qualquer aresta que seja recolocada na árvore, forma um ciclo em G.

2.2.2 Corolário

Todo grafo conexo G possui uma árvore geradora.

Prova:

Seja T um subgrafo gerador minimal conexo de G em relação à propriedade de ser conexo e em relação à quantidade de arestas. Assim, T é conexo por construção.

Vamos mostrar que T é acíclico:

Suponha que T não seja acíclico e seja Ĉ um ciclo de T, e seja e uma aresta de Ĉ. Logo, pelo Teorema 2.1.13, a aresta ***e*** não é uma ponte de T.

Logo p(T - **e**) = p(T). Então, T- **e** é um subgrafo gerador conexo de G e possui menos arestas do que o subgrafo T, contradizendo o fato de que T era maximal.

Logo, T é acíclico e conexo, ou seja, T é uma árvore.■

2.2.3 Corolário

Se G é grafo conexo então m$\geq$ n-1, onde |E(G)| = m e |V(G)| = n.

Prova:

Seja G um grafo conexo. Então, pelo 2.2.2 Corolário, G tem uma árvore geradora T e, portanto, tem-se que: m = |E(G)| $\geq$ |E(T)| = |V(T)| - 1 = * n - 1. Daí, m $\geq$ n – 1 (A igualdade anterior vem do 2.1.5 Teorema).■

2.2.4 Teorema

Seja T uma árvore geradora de G e uma aresta ***e*** $\in$ E(G) - E(T). Então, T + ***e*** contém exatamente um ciclo.

Prova:

Seja T uma árvore geradora de G. Sabemos que é um subgrafo gerador minimal conexo de G e, portanto, a inclusão de uma aresta ***e*** $\in$ E(G) - E(T) gera um ciclo em T e esse ciclo, necessariamente, contém a aresta ***e***.

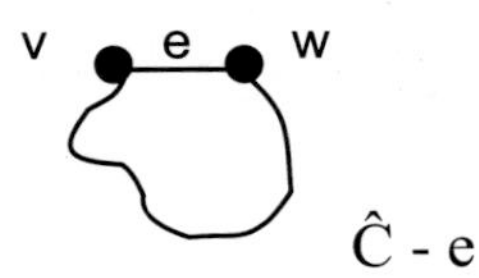

Figura 2.7 – A inclusão de uma aresta, com a formação de um ciclo. Fonte: o autor.

Seja Ĉ um ciclo de T + ***e*** contendo a aresta ***e***. Temos que Ĉ - ***e*** é um caminho em T entre os extremos da aresta ***e***. Logo, esse caminho é único.

Portanto, o ciclo que contém a aresta e, é único, ou seja, T + ***e*** contém exatamente um ciclo. ■

2.3 Cortes de arestas

2.3.1 Definição

Seja G = (V, E) um grafo e S $\subseteq$ V, S' $\subseteq$ V, S $\neq \emptyset$ e S' $\neq \emptyset$ e S $\cap$ S' = $\emptyset$.

Vamos denotar por [S, S'] a um conjunto de arestas do grafo G que possuem, cada uma delas, um extremo em S e o outro extremo em S´.

Por exemplo, considere o grafo G conforme a figura abaixo:

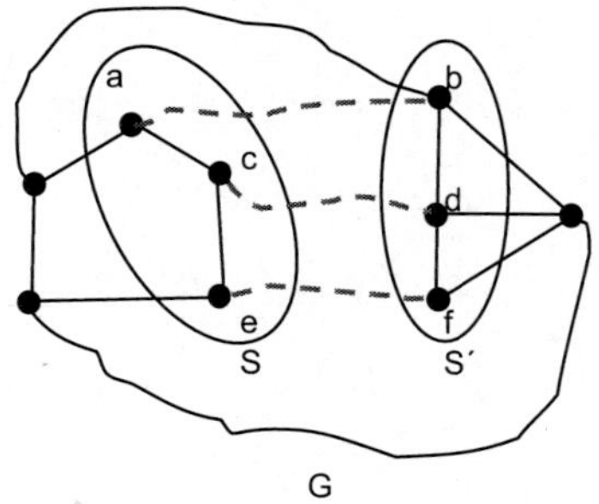

Figura 2.8 – Corte de arestas. Fonte: o autor.

Tem-se que [S, S'] = {(a,b),(c,d),(e,f)}.

2.3.2 Definição

Seja $S \subseteq V$ e $\overline{S} = V - S$. Logo: $S \cup \overline{S} = V$ e $S \cap \overline{S} = \emptyset$. Se $[S, \overline{S}] \neq \emptyset$, então o conjunto $[S, \overline{S}]$ é dito um corte de arestas de G se $p(G - [S, \overline{S}]) > p(G)$.

2.3.3 Definição

Um corte de arestas $[S, \overline{S}]$ de G é dito *minimal* quando ele não contém propriamente um outro corte de arestas de G.

2.3.4 Observação

Em vista da definição acima, toda ponte é um corte de arestas minimal.

2.3.5 Exemplo

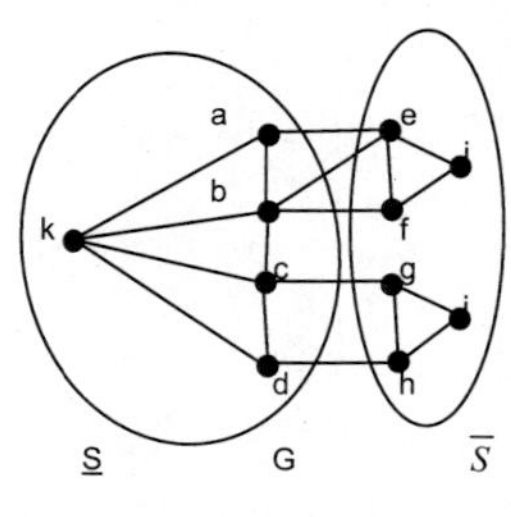

Figura 2.9 – Corte de arestas minimal. Fonte: o autor.

No grafo G, da figura acima, observe que:

$[S, \overline{S}]$ = {(a, e),(b, e),(b, f),(c, g),(d, h)} é corte de arestas de G;

A = {(c, g)} $\subset$ $[S, \overline{S}]$ e que A não é corte de arestas de G;

B= {(c, g),(d, h)} $\subset$ $[S, \overline{S}]$ e que B é corte minimal;

C = {(a, e),(b, f),(b, e)} $\subset$ $[S, \overline{S}]$ e que C é corte minimal;

Se S_1 = {a, b, c, d, k, g, j, h}, então $\overline{S}_1$ = {e, f, i} e, se S_2 = {a, b, c, d, k, e, i, f}, então $\overline{S}_2$ = {g, h, j}.

2.3.6 Definição

Se T é uma árvore geradora de G, então $\overline{T}$ (G) = (V, E(G) - E(T)) é chamado de *co-árvore de G*.

2.3.7 Exemplo

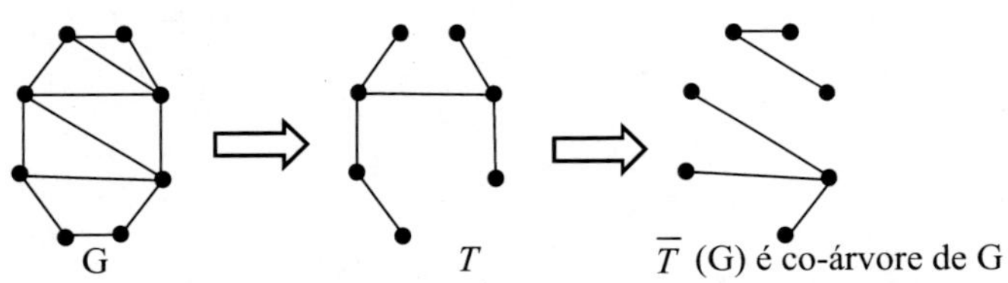

Figura 2.9 – Uma co-árvore de um grafo G. Fonte: o autor.

2.3.8 Teorema

Seja G um grafo conexo, T uma árvore geradora de G, ***e*** uma aresta de G. Então:

- $\overline{T}$ (G) não contém cortes de arestas de G;
- $\overline{T}$ (G) + ***e*** contém um único corte de arestas minimal de G, dito um cociclo de G.

Prova:

(i) Uma co-árvore $\overline{T}$ (G) não pode conter um corte de arestas de G, porque mesmo retirando todas as arestas de $\overline{T}$ o grafo G permanece conexo, pois restarão as arestas de T, que é uma árvore geradora de G.

(ii) Seja ***e*** uma aresta de T tal que T - ***e*** é desconexo. Logo, a aresta ***e*** é ponte de T.

Sejam S e $\overline{S}$ os conjuntos de vértices dos componentes conexos de T - ***e***, respectivamente. Assim, como [S, $\overline{S}$] é um corte de arestas de G, por definição ele é um corte minimal.

De fato: [S, $\overline{S}$] - ***e*** não é um corte por (i). Ou seja, B = [S, $\overline{S}$] – ***e*** $\subset$ $\overline{T}$ (G) + ***e***.

Tome qualquer aresta ***e'*** $\in$ B.

Assim, T - ***e*** + ***e'*** é ainda uma árvore geradora mínima de G.

Logo, todo corte minimal de G contido em $\overline{T}$ (G) + ***e*** deve incluir essa aresta ***e***. Então, B é o único corte minimal de G.■

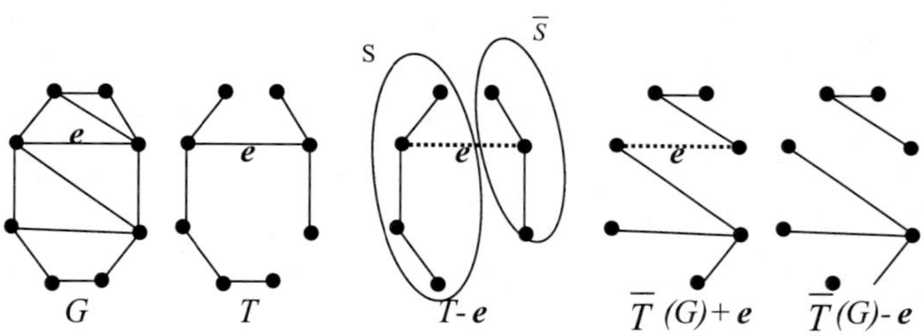

Figura 2.10 – Um corte minimal de um grafo G. Fonte: o autor.

[S, $\overline{S}$] = $\overline{T}$ (G) + ***e***.

2.3.9 Observação

Observe que existe uma analogia entre ciclos e árvores, e cortes minimais e co-árvores, como mostra-nos o Quadro 1, a saber:

Quadro de analogias entre ciclos e árvores

ciclos x árvores	cortes minimais x co-árvores
T não contém ciclos.	$\overline{T}_{(G)}$ não contém cortes minimais.
T + ***e*** contém um único ciclo.	$\overline{T}_{(G)+e}$ contém um único corte minimal de G.

Figura 2.11 - Quadro de Analogias entre ciclos e árvores, e entre cortes minimais e co-árvores. Fonte: o autor.

2.4 Cortes de vértices

2.4.1 Definição

Uma articulação ou vértice de corte de um grafo G é um vértice v∈ V(G) tal que p(G - v) > p(G).

Se o grafo G é conexo, dizemos que v é um vértice cuja retirada desconecta G.

2.4.2 Exemplos

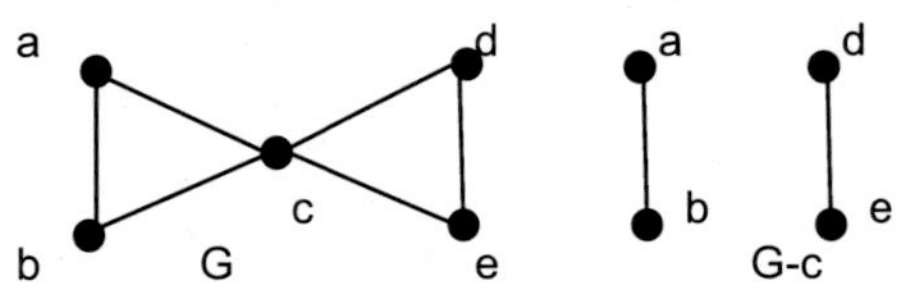

, p(G) = 1 e p(G - c) = 2.

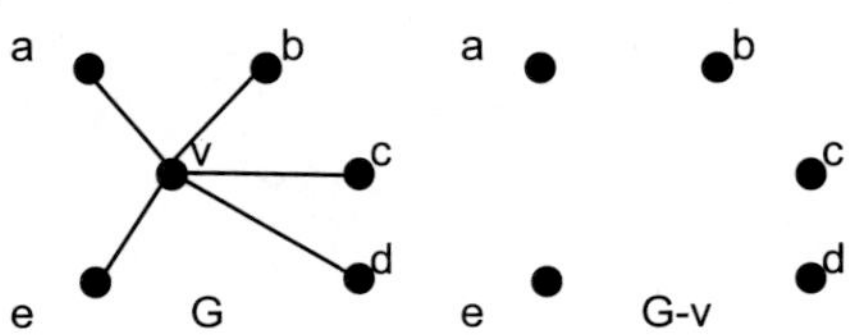

, p(G) = 1 e p(G - c) = 5.

Figura 2.12 – Vértices de corte em um grafo G. Fonte: o autor.

2.4.3 Teorema

v é uma articulação de um grafo G se, e somente se, existem vértices u e w tais que todo caminho entre os vértices u e w contém o vértice v.

Figura 2.13 – Articulação de um grafo G.

Prova:

Suponha que v é vértice de articulação. Por definição, v ∈ v(G) tal que p(G-v) > p(G). Existe u ∈ v(G – v), existe w ∈ v(G) tais que um caminho entre u e w contém v. Por outro, se existe um caminho entre u e w contendo v, tal que u, v, w ∈ v(G), então u é uma articulação de G.

2.4.4 Teorema

Em uma árvore T, não trivial, um vértice v∈V(T) é articulação se, e somente se, v não é uma folha de T.

Prova:

Seja T uma árvore não trivial, e seja v∈V(T) uma articulação.

Então, existem 2(dois) vértices u e w de T tal que todo caminho entre os vértices u e w contém o vértice v.

Logo, d(v) > 1. Então, v não é uma folha de T.

Por outro lado, seja v∈V(T) tal que v não é folha de T.

Então, d(v) > 1. Logo, existem pelo menos dois vértices u e w adjacentes ao vértice v e o caminho P: u, v, w em T.

Como T é uma árvore, esse caminho P entre u e w é único. Logo, a retirada do vértice v desconecta a árvore T. Ou seja, v é articulação da árvore T.∎

2.4.5 Corolário

Todo grafo conexo G, não trivial, possui pelo menos 2(dois) vértices que não são articulações.

Prova:

Seja G um grafo conexo. Pelo 2.16 Corolário, G possui uma árvore geradora T.

Se sabe, pelo 2.9 Teorema, que T tem pelo menos 2 (duas) folhas.

Sejam v_1 e v_2 essas folhas. Pelo 2.18 Teorema, v_1 não é uma articulação. Logo, $\omega(T - v_1) = \omega(T) = 1$. Mas $T - v_1$ é uma árvore geradora de $G - v_1$ e $\omega(G - v_1) \leq \omega(T - v_1) = 1$.

Logo, $\omega(G - v_1) = \omega(G) = 1$, ou seja, v_1 não é articulação de G. De maneira análoga v_2 não é articulação de G. Logo, vale o teorema. ∎

2.4.6 Definição

Dado um grafo G, um corte de vértices V' é um subconjunto de vértices de G, isto é, V' $\subset$ V(G) tal que ω(G - V') > ω(G).

2.4.7 Exemplo

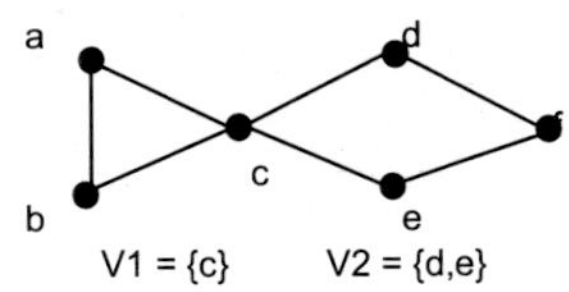

Figura 2.14 – Cortes de vértices em um grafo G. Fonte: o autor.

2.4.8 Observação

É fácil ver que K_n não possui corte de vértices, pois a retirada de um vértice implica em novo grafo K_{n-1}. Se continuarmos a retirada de vértices, um a um, chegaremos em um vértice isolado.

2.5 Conexidade

Consideremos os 4 (quatro) grafos conexos, desenhados a seguir, e observe as seguintes características, presentes nesses grafos:

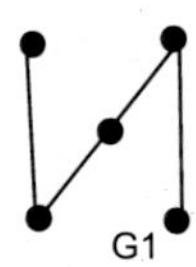

Figura 2.15 – Grafo conexo G_1. Fonte: o autor.

O grafo G1 é uma árvore, desconecta com uma aresta, e desconecta com um vértice. Se poderia dizer que ele é um grafo muito frágil.

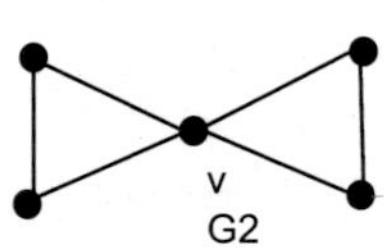

Figura 2.16 – Grafo conexo G_2. Fonte: o autor.

O grafo G2 tem no vértice v uma articulação, e não há aresta ponte. Se poderia dizer que este grafo é frágil em relação aos vértices, pois basta a retirada do vértice v para desconectá-lo e é pouco melhor do que o grafo G1 em relação às arestas uma vez que é necessário a retirada de 2 (duas) arestas para desconectá-lo.

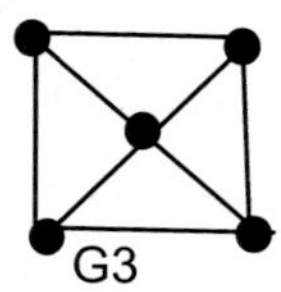

Figura 2.17 – Grafo conexo G_3. Fonte: o autor.

O grafo G3 precisa da retirada de pelo menos 3(três) vértices para desconectá-lo pela retirada de vértices, ou de pelo menos 3(três) arestas para desconectá-lo por arestas. Poderia dizer que este grafo é mais robusto que os grafos anteriores devido a maior dificuldade em desconectá-lo, em relação aos grafos anteriores.

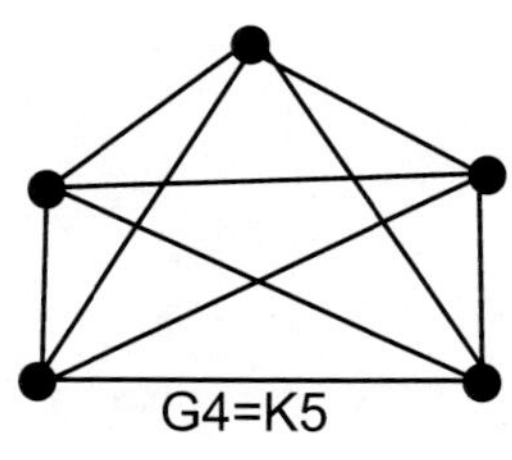

Figura 2.18 – Grafo conexo G_4. Fonte: o autor.

O grafo G_4 não se desconecta pela retirada de qualquer quantidade de vértices, como já observado antes. Ademais, ele precisa de pelo menos 4 (quatro) arestas para desconectá-lo por arestas. Poderia dizer que este grafo é muito mais robusto que o grafo G_3.

2.6 Parâmetros de um grafo relativos a sua conexidade

2.6.1 Definição

Define-se a conectividade de vértices K de um grafo G, indicada por K(G), como a cardinalidade de seu menor corte de vértices, se G não é o grafo K_n .

Se G = K_n , definimos $K(K_n) = n - 1$.

Em particular, se o grafo G é o grafo trivial ou se o grafo G é um grafo desconexo, define-se K(G) = 0.

2.6.2 Definição

Define-se a conectividade de arestas K' de um grafo G, indicada por K'(G), como a cardinalidade de seu menor corte de arestas. Em particular, se G é o grafo trivial ou se G é um grafo desconexo, define-se K' (G) = 0.

2.6.3 Exemplo

Em relação aos quatro grafos desenhados acima, temos:

K(G1) = 1; K(G2) = 1; K(G3) = 3; K(G4) = K(K5) = 5

K'(G1) = 1; K'(G2) = 2; K'(G3) = 3; K'(G4) = 4.

2.6.4 Definição

Seja h um número inteiro positivo, tal que $h \geq 1$.

Se $K(G) \geq h$, então o grafo G é dito h-conexo em vértices. Ou seja, será preciso retirar pelo menos h vértices para desconectar o grafo G.

Se $K'(G) \geq h$, então o grafo G é dito h-conexo em arestas. Ou seja, será preciso retirar pelo menos h arestas para desconectar o grafo G.

2.6.5 Observações

- Todo grafo conexo é 1-conexo em vértices e 1-conexo em arestas;
- Um grafo G com pelo menos 3 vértices, é 2-conexo em vértices se, e somente se, ele não possui articulações;
- Um grafo 2-conexo em vértices é dito biconexo.

2.6.6 Exemplos

- Considere os grafos:

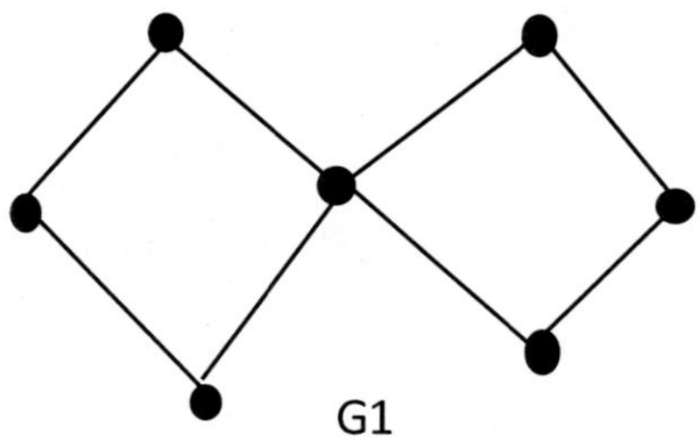

Figura 2.19 – Grafo conexo G_1. Fonte: o autor.

Quanto ao grafo G1 tem-se: G1 é conexo, G1 é 1-conexo, mas G1 não é h-conexo para h ≥ 2.

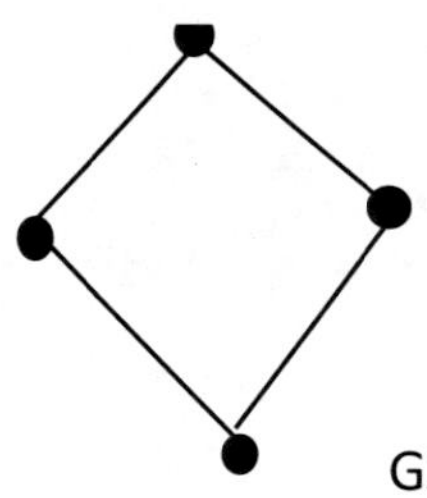

Figura 2.20 – Grafo conexo G_2. Fonte: o autor.

Quanto ao grafo G2, tem-se que G2 é conexo em vértices, G2 é 1-conexo, G2 é 2-conexo, mas G2 não é h-conexo para h ≥ 3.

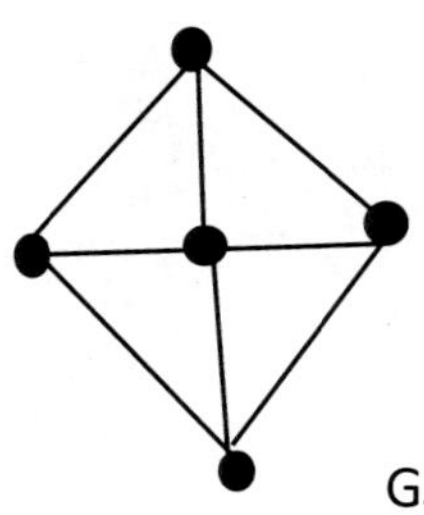

Figura 2.21 – Grafo conexo G_3. Fonte: o autor.

Quanto ao grafo G3, tem-se que G3 é conexo em vértices, G3 é 3-conexo, G3 é 2-conexo, G3 é 1-conexo, mas G3 não é h-conexo para h ≥ 4.

2.6.7 Teorema (Whitney – 1932)

Seja G um grafo conexo. Então, K ≤ K' ≤ δ, onde δ é o menor grau de G.

Prova:

Se G = K_n temos K = K' = δ = n - 1. Logo, o teorema é válido.

Considere, então, um grafo G tal que G # K_n.

Vamos mostrar, inicialmente, que K' ≤ δ.

De fato, basta identificar pelo menos um vértice v no grafo de tal modo que d(v) = δ e retirar as δ arestas incidentes a esse vértice v para desconectar o grafo. Logo, o menor corte de arestas tem seu tamanho menor do que ou igual a δ. Assim, K' ≤ δ.

Vamos agora mostrar que K ≤ K'.

Seja [S, $\overline{S}$] um corte mínimo de G, ou seja, |[S, $\overline{S}$]|= K'.

a) Se todo vértice de S é adjacente a todo vértice de $\overline{S}$, então

K' = |S|.|$\overline{S}$|≥ |S|+ |$\overline{S}$|- 1 = n – 1 ≥ K.

b) Caso contrário, existe um vértice v em S e outro vértice w em $\overline{S}$ tais que (v, w) ∉ E(G).

Ou seja, os vértices v e w não são adjacentes.

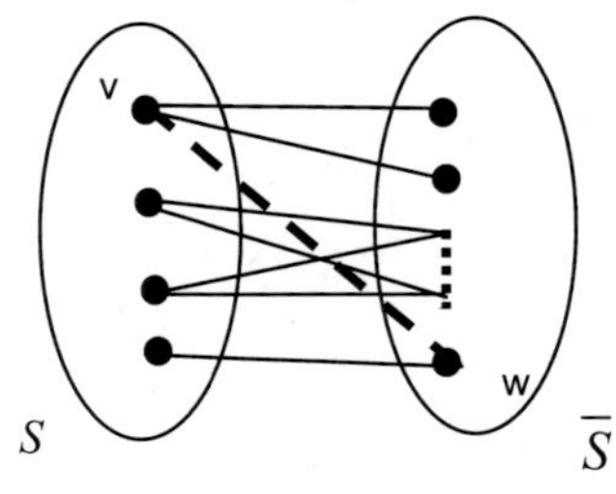

Figura 2.22 – Corte mínimo de um grafo G. Fonte: o autor.

Seja Q um subconjunto de vértices de V(G) cujos elementos são: os vizinhos de v em $\overline{S}$ e os vértices de S – {v} que têm vizinhos em $\overline{S}$.

A retirada dos vértices de Q desconecta o grafo G, pois separa o vértice v do vértice w, ou seja, não existe mais caminho do vértice v ao vértice w. Assim, os vértices v e w estão em componentes conexas distintas em G – Q.

Logo, Q é um corte de vértices de G e, como toda aresta de $[S, \overline{S}]$ tem uma das extremidades em Q, tem-se: $|Q| \leq |[S, \overline{S}]|$ e $K < |Q| < |[S, \overline{S}]|$.

Portanto, K≤ K'. Então, K ≤ K' ≤ δ. ■

2.6.8 Exemplo

Considere o grafo G4, Figura 1.23, a seguir. Tem-se um exemplo de desigualdade estrita para o teorema acima.

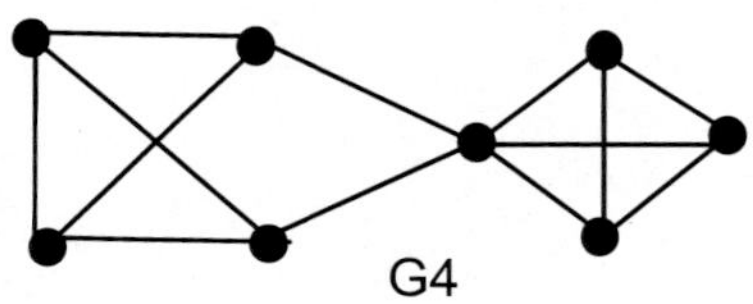

Figura 2.23 – Desigualdade estrita em um grafo G. Fonte: o autor.

Neste grafo G_4 temos: δ = 3, K = 1 e K' = 2. Logo, K < K' < δ.

2.6.9 Teorema

Um grafo G com pelos menos 3(três) vértices é biconexo, se e somente se, G não tem articulações.

Prova:

2.6.10 Definição

Um grafo conexo é dito um bloco, se não possui articulação. Em particular, todo bloco com pelo menos 3(três) vértices é um grafo biconexo.

2.6.11 Exemplo

Considere o grafo

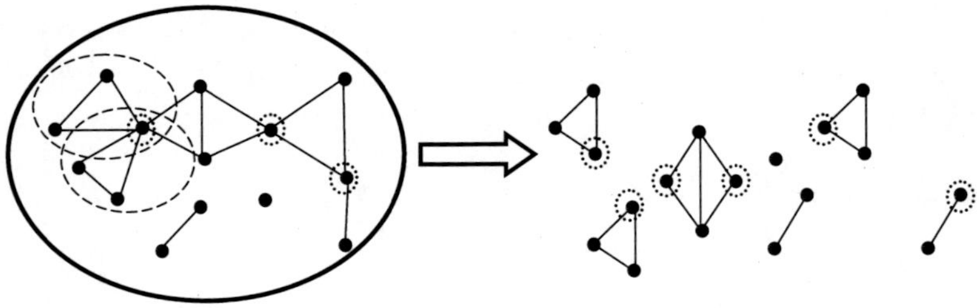

Figura 2.24 – Grafo biconexo G. Fonte: o autor.

2.6.12 Definição

Define-se componentes biconexos (também chamados de blocos) de um grafo G aos subgrafos maximais biconexos de G e os subgrafos isomorfos a K2 ou a K1.

2.6.13 Observação

Todo grafo é a união de seus blocos.

2.6.14 Definição

Diz-se que 2 (dois) caminhos são disjuntos internamente se eles têm em comum apenas os vértices extremos.

2.6.15 Exemplos

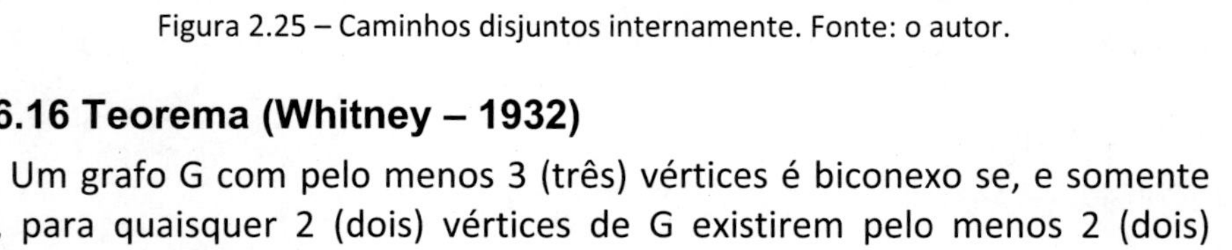

Figura 2.25 – Caminhos disjuntos internamente. Fonte: o autor.

2.6.16 Teorema (Whitney – 1932)

Um grafo G com pelo menos 3 (três) vértices é biconexo se, e somente se, para quaisquer 2 (dois) vértices de G existirem pelo menos 2 (dois) caminhos disjuntos internamente.

Prova:

Suponha G um grafo biconexo.

Vamos provar por indução sobre a distância d(u,v) entre 2 (dois) vértices distintos u e v de G, tais que u e v são ligados por 2(dois) caminhos disjuntos internamente.

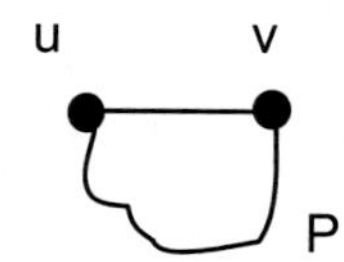

Figura 2.26 – Distância entre 2(dois) vértices u e v. Fonte: o autor.

Se d(u, v) = 1, existe uma aresta entre os vértices u e v.

Como G é biconexo, a aresta (u, v) não é ponte, pois u e v não são articulações de G, e, portanto, há um caminho P entre os vértices u e v.

Assim, pela negativa do Teorema 2.33, a aresta (u, v) está contida em um ciclo Ĉ. Logo, Ĉ - (u, v) é um caminho entre os vértices u e v, disjunto internamente da aresta (u, v).

Portanto, o resultado é verdadeiro para dois vértices quaisquer u e v distanciados de 1(uma) unidade de comprimento.

Hipótese de indução: Suponha agora que o resultado é verdadeiro para quaisquer dois vértices situados a uma distância menor do que k, no grafo G.

Sejam u e v dois vértices quaisquer tais que d(u, v) = k e seja w o vértice imediatamente anterior ao vértice v, nesse menor caminho.

Então, d(u, w) = k – 1 < k.

Logo, pela hipótese de indução, existem 2 (dois) caminhos disjuntos internamente entre u e w. Sejam P e Q esses caminhos.

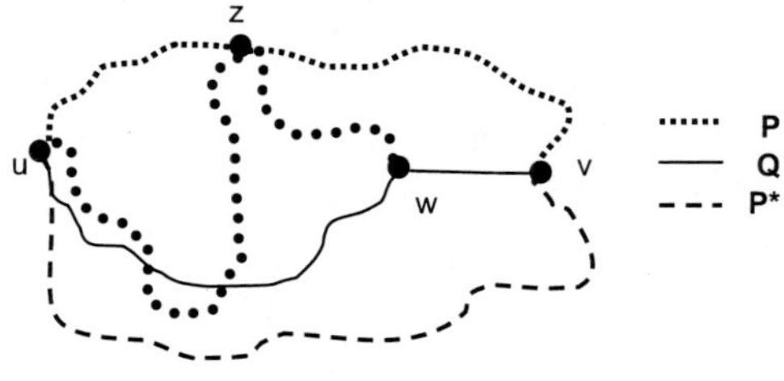

Figura 2.26 – Dois caminhos disjuntos entre 2 (dois) vértices u e w. Fonte: o autor.

Como o grafo G é biconexo, G – w é grafo conexo e, então, existe um caminho P* entre os vértices v e u em G – w.

1. Se o caminho P* não intercepta os caminhos P e Q, o resultado é satisfeito. Basta tomar P $\cup$ (w,v) ou Q $\cup$ (w,v) e o caminho P* como os caminhos disjuntos internamente entre os vértices v e w.

2. Suponha agora que o caminho P* intercepta um dos caminhos P e Q ou ambos, ou seja, intercepta P $\cup$ Q. Seja z o vértice dessa interseção P* $\cap$ P $\cup$ Q, o mais próximo do vértice v. Suponha, sem perda de generalidade, que o vértice z pertence ao caminho P.

Então temos os seguintes caminhos disjuntos internamente entre os vértices u e v:

P_1: (u - z) em P $\cup$ (z - v)P*.

P_2: (u - w) em Q $\cup$ (w, v). Assim, o resultado é satisfeito.

Portanto, de 1. e 2. , e hipótese de indução, vale o resultado para quaisquer dois vértices u e v do grafo G.

Por outro lado, seja G um grafo com pelo menos três vértices. Suponha que para quaisquer dois vértices de G existem dois caminhos disjuntos internamente. Então, o grafo G é conexo e não possui articulações. Logo, o grafo G é biconexo, pois G tem pelo menos três vértices. ■

Uma generalização do resultado anterior é o seguinte Teorema:

2.6.17 Teorema (de Karl Menger - 1927)

Um grafo G com $|V(G)| \geq k + 1$ é k-conexo em vértices se, e somente se quaisquer 2 (dois) vértices distintos de G possuem k caminhos disjuntos internamente.

Prova:

Suponha um grafo k-conexo em vértices G, com $|V(G)| \geq k + 1$. Sejam u_j e u_k vértices quaisquer de G. Há k – 1 vértices em G distintos de u_j e u_k e, para cada escolha de um desses k -1 vértices, há um único caminho interligando os vértices u_j e u_k , além do caminho que interliga os vértices u_j e u_k diretamente, perfazendo um total de k caminhos disjuntos internamente. Por outro lado, se escolhidos quaisquer 2 (dois) vértices distintos de G tais que eles possuem k caminhos disjuntos internamente interligando-os entre si, então o grafo G é k-conexo em vértices.

Tal teorema é considerado na Teoria dos Grafos como um resultado básico acerca da conectividade em grafos finitos não direcionados.

O número mínimo de vértices que separam A de B é igual ao número máximo de caminhos disjuntos que ligam A a B. Um conjunto X de vértices separa A e B se todo caminho de A a B passa por X.

Em Teoria dos Grafos e áreas relacionadas da matemática, o teorema de **Karl Menger** é considerado um resultado básico sobre conectividade em grafos finitos não direcionados. Foi provada a K-aresta-conectividade e K-vértice-conectividade por **Karl Menger** em 1927. A versão para aresta-conectividade do teorema de Menger foi generalizada mais tarde pelo Teorema do Fluxo Máximo–Corte Mínimo. A versão do teorema de Menger para aresta-conectividade funciona da seguinte forma:

G é um grafo finito não direcionado e x e y são dois vértices distintos. Então o teorema afirma que o tamanho mínimo de arestas que precisam ser removidas para desconectar x e y é igual ao número máximo de caminhos aresta-independentes emparelhados de x para y.

Estendendo para subgrafos: um subgrafo maximal desconectado por não menos que k-arestas de corte é idêntico aos subgrafo maximal com um número mínimo de k caminhos aresta-independente entre qualquer par de nós x, y no subgrafo.

A versão do teorema de Menger para vértice-conectividade funciona da seguinte forma:

G é um grafo finito não direcionado e x e y são dois vértices não adjacentes. Então o teorema afirma que o número mínimo de vértices que precisam ser removidos para desconectar x e y é igual ao número máximo de caminhos vértice-independentes emparelhados de x para y.

Estendendo para subgrafos: um subgrafo maximal desconectado por não menos que k-vértices de corte é idêntico aos subgrafo maximal com um número mínimo de k caminhos vértice-independente entre qualquer par de nós x, y no subgrafo.

CAPÍTULO 3
ÁRVORES: TIPOS E CONSIDERAÇÕES ESTRUTURAIS

3.1 Considerações iniciais

Neste capítulo iremos tratar de questões relacionadas com um tipo especial de grafo, conhecido como árvore, o qual será amplamente utilizado neste livro.

Uma árvore é um grafo com um vértice bem determinado, chamado **raiz**, de tal modo que há um único caminho da raiz até qualquer outro vértice pertencente à árvore.

Intuitivamente falando e descrevendo, em teoria dos grafos uma árvore se parece com uma árvore real - no sentido de que todo grafo árvore pode ser desenhado com a "*aparência de uma árvore real*" a partir da "*sua raiz*".

Por exemplo, considere o desenho de uma árvore, como abaixo. O vértice rotulado pela letra ***A*** é o vértice raiz para essa árvore. E será raiz, também, para cada uma das árvores desenhadas em prosseguimento.

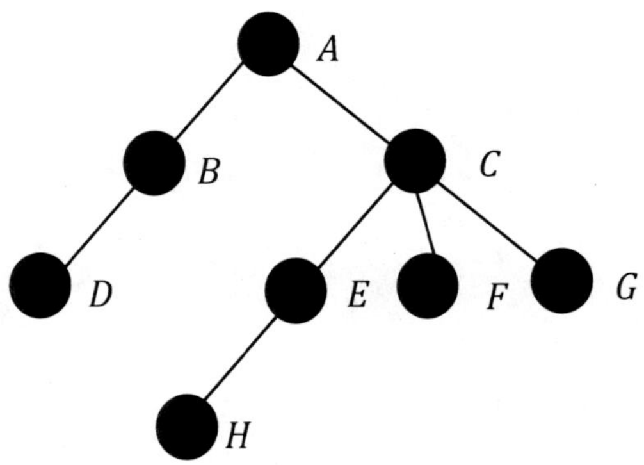

Figura 3.1: Uma árvore. Fonte: o autor.

3.2 Motivação inicial

São inúmeros os problemas que podem ser modelados através de árvores.

As árvores são estruturas de dados extremamente úteis, em muitas aplicações, e admitem tratamento computacional eficiente quando comparadas às estruturas mais genéricas como os grafos em geral. Estes, por sua vez, são mais flexíveis e complexos que as árvores.

Por outro lado, as diferentes aplicações de árvores necessitam de estruturas mais complexas que as estruturas relativas às listas, por exemplo.

3.3 Definições Básicas

3.3.1 Definição

Da palavra árvore em inglês: "tree", as árvores serão denotadas pela letra T. Dada uma árvore T= (V, E) uma raiz de T é qualquer vértice v de T escolhido e chamado, a partir da escolha, de raiz de T.

E a árvore T passa a ser dita, desde então, uma árvore enraizada.

Na Figura 3.2, a seguir, o vértice indicado por r é a raiz da árvore, assim escolhida.

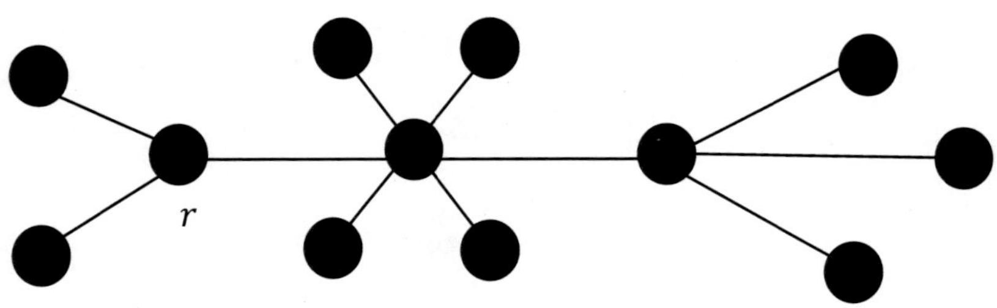

Figura 3.2 – Uma árvore enraizada de raiz r. Fonte: o autor.

3.3.2 Definição

Uma árvore enraizada T, ou simplesmente uma árvore, é um conjunto finito de elementos denominados vértices ou nós, tais que, se T = 0 a árvore é dita vazia. Caso contrário, existe um vértice especial r, chamado raiz da árvore T.

Os vértices restantes constituem um único conjunto vazio ou são divididos em k (k $\geq$ 1) conjuntos disjuntos, distintos e não vazios, que são as subárvores de r, onde, por sua vez, cada subárvore é uma árvore.

Notação:

A notação T_v indica a subárvore de T com raiz em v, se v é um vértice de T.

Como os conjuntos das subárvores têm de ser disjuntos, a estrutura indicada na Figura 3.3, a seguir, não é uma árvore com possível raiz em A.

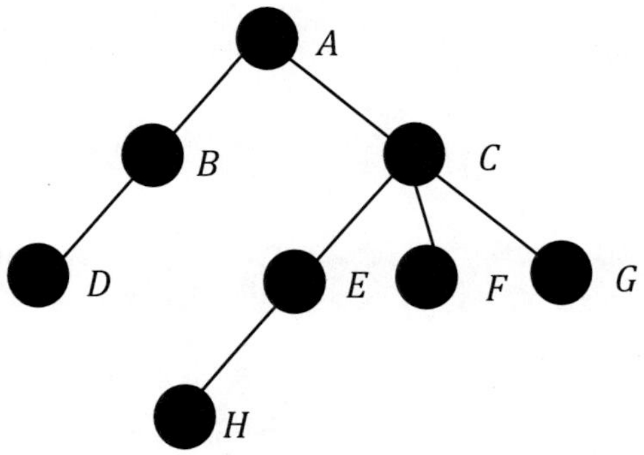

Figura 3.3: Estrutura que não representa uma árvore. Fonte: o autor.

A forma convencional de representar uma árvore está indicada na Figura 3.4, abaixo. Esta árvore tem 8 (oito) vértices, sendo *A* o vértice raiz.

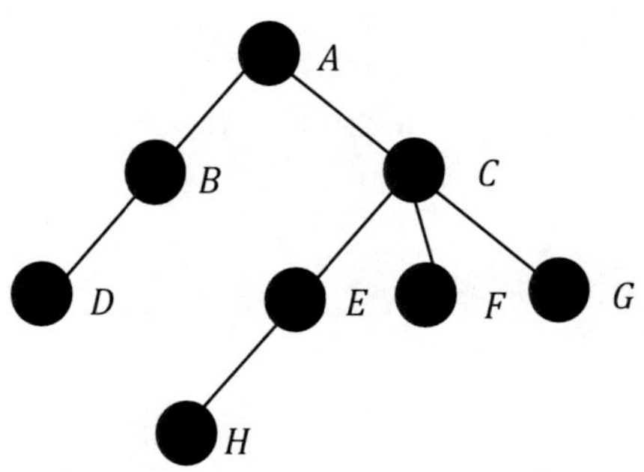

Figura 3.4: Uma árvore. Fonte: o autor.

3.3.3 Definição

Seja ***n*** o vértice raiz da subárvore T_n de T. Os vértices raízes n_1, n_2, ..., n_k das subárvores de T_n são chamados de filhos de ***n*** e ***n*** é o pai destes vértices. Por sua vez, estes vértices são vértices irmãos entre si. Se z é filho de n_1 então n_2 é tio de z e ***n*** é avô de z.

3.3.4 Definição

O número de filhos de um vértice é chamado grau de saída desse vértice.

Se um vértice ***u*** pertence à subárvore T_v (v é a raiz de T_v), então ***u*** é descendente de ***v*** e ***v*** é dito ancestral ou antecessor de ***u***. Se, neste caso, ***u*** é diferente de ***v***, então ***u*** é dito descendente próprio de ***v*** e ***v*** é ancestral próprio de ***u***.

3.3.5 Definição

Um vértice que não possui descendentes próprios (vértice sem filhos) é chamado de *vértice folha*. Ou seja, um vértice folha é aquele com grau de saída 0(zero, ou nulo). Um vértice que não é folha é chamado vértice interior ou vértice interno.

Na Figura 3.5, abaixo, os vértices *B* e *C* são irmãos, e filhos de *A*. Os vértices *D, H, I, F e G* são folhas.

A subárvore à esquerda do vértice *A* tem raiz em *B*, e a subárvore à direita do vértice *A* tem raiz em *C. Tais caracterizações estão* indicadas pelos 2(dois) ramos que saem do vértice raiz *A*.

A ausência de um ramo na árvore indica uma subárvore vazia, como a subárvore à direita do vértice *B*.

O vértice *C*, por exemplo, tem grau de saída 3, e o vértice *E* tem grau de saída 1.

O vértice *H*, por exemplo, é ancestral do vértice *C* e o vértice *D* é descendente do vértice *A*.

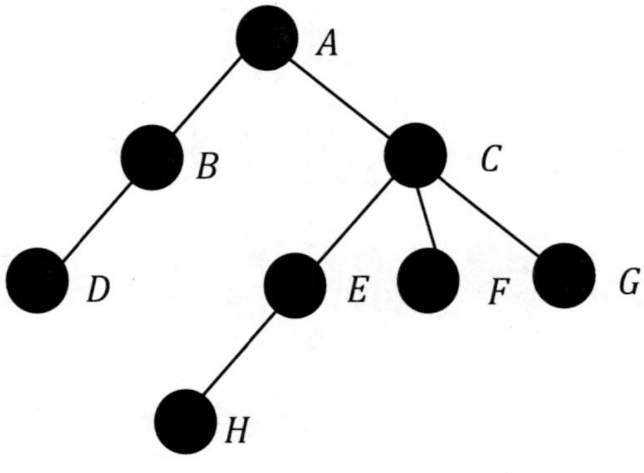

Figura 3.5: Uma árvore, seus ramos, ascendentes, ancestrais e descendentes.
Fonte: o autor.

3.3.6 Definição

O grau de uma árvore é o máximo entre os graus de seus vértices. No exemplo acima, a árvore é de grau igual a 3 (três).

3.3.7 Definição

Uma floresta é um conjunto de 0 (zero) ou mais árvores.

3.3.8 Definição

Denomina-se *caminho em uma árvore* a uma sequência de vértices distintos v_1, v_2, ... v_{k-1}, v_k, de modo que exista sempre a relação "v_i é pai de v_{i+1}" ou, então, "v_i é filho de v_{i+1}", entre vértices consecutivos. Isto é, entre v_1 e v_2, entre v_2 e v_3, ... , entre v_{k-1} e v_k.

Diz-se que *v_1 alcança v_k* (ou que *v_k é alcançado por v_1*), quando há um caminho entre os vértices v_1 e v_k.

Um caminho de k vértices é obtido pela sequência de k - 1 pares de vértices. Nesse caso o caminho é dito de comprimento k - 1.

Na figura 3.5, acima, o comprimento do caminho entre o vértice *A* e o vértice *H* é 3.

3.3.9 Definição

O *nível ou profundidade de um vértice* é o número de vértices do caminho entre a raiz e o vértice. O nível da raiz (ou profundidade de uma árvore) é, portanto, igual a um.

3.3.10 Definição

A *altura de uma árvore T* é igual ao máximo nível de seus vértices. Representa-se a altura de T por h(T) e a altura da subárvore de raiz v por h(v).

3.3.11 Definição

A altura de um vértice ***n*** é o número de vértices do maior caminho de ***n*** até um de seus descendentes. As folhas, por definição, têm altura igual a 1.

3.3.12 Definição

Uma árvore ordenada é aquela na qual os filhos de cada vértice estão ordenados. Assume-se a ordenação da esquerda para a direita.

Desse modo, a árvore da Figura 3.5 é ordenada. Entretanto, o mesmo não ocorre com a árvore da Figura 3.6, a seguir, por conta do filho I do vértice C estar em um nível diferente dos demais filhos D, E e F.

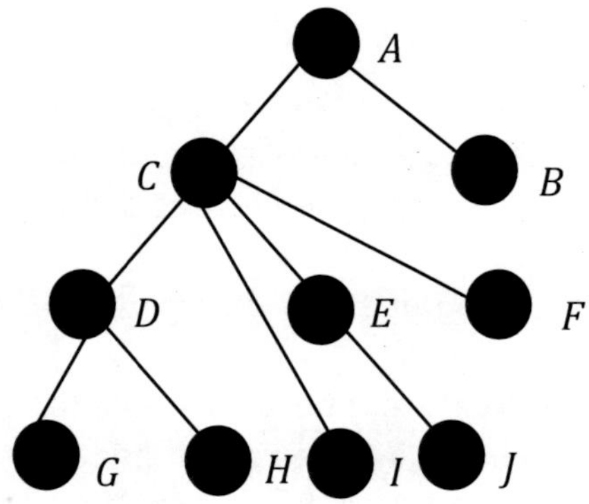

Figura 3.6: Árvore não ordenada. Fonte: o autor.

3.3.13 Definição

O nível de um vértice n pode ser definido do seguinte modo: o vértice raiz tem nível 0, os outros vértices têm um nível que é uma unidade maior que o nível de seu pai.

Na árvore da Figura 2.5, acima, temos vértices nos seguintes níveis: nível 0: vértice A; nível 1: vértices B e C; nível 2: vértices D, E e F; e nível 3: vértices G, H e I.

3.4 Representações gráficas de uma árvore

Há 4 (quatro) formas de representar graficamente uma árvore, quais sejam:

3.4.1. Representação hierárquica

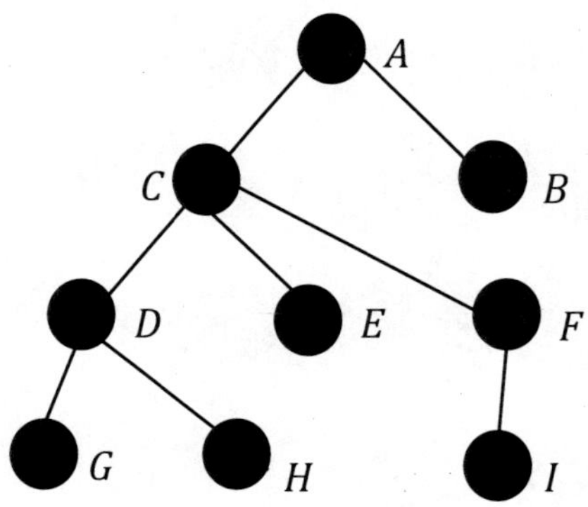

Figura 3.7: Representação gráfica de uma árvore, tipo hierárquica. Fonte: o autor.

3.4.2. Representação por parênteses aninhados

Uma outra forma interessante de representar uma árvore é a representação por parênteses aninhados.

Da mesma forma que a Figura 3.7 http://equipe.nce.ufrj.br/adriano/c/apostila/arvore.htm - aini#aini representa uma árvore no plano, a representação por parênteses representa uma árvore em uma linha. A sequência de parênteses representa a relação entre os vértices da estrutura. O rótulo do vértice é inserido à esquerda do abre parênteses correspondente.

A árvore representada *planarmente (desenhada no plano),* pela Figura 3.7, acima, pode ser representada em uma linha, assim: (A(B)(C(D(G)(H))(E)(F(I)))

Já a árvore mostrada na Figura 3.8, a seguir, pode ser representada em uma linha, assim:

(A (B(D))(C(E(H)(I))(F)(G)))

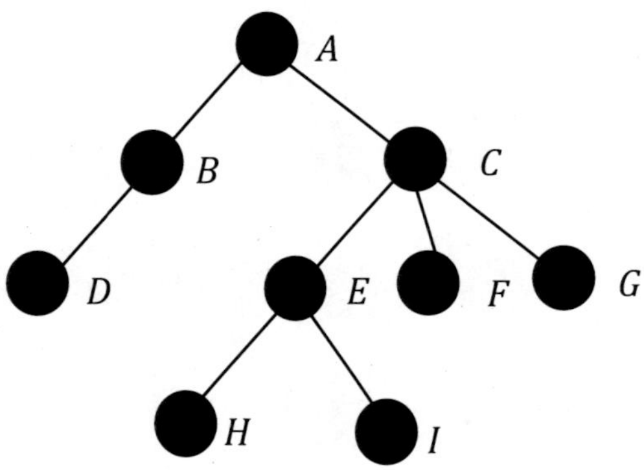

Figura 3.8: Representação gráfica de uma árvore, tipo hierárquica. Fonte: o autor.

Este tipo de representação tem importância, por exemplo, no tratamento de expressões aritméticas, já que toda expressão aritmética pode ser colocada sob esta forma. Se escrevemos uma expressão nesta forma podemos, então, representá-la como uma árvore, mostrando, também, como ela seria representada planarmente.

Para colocarmos uma expressão em forma de árvore, devemos considerar cada operador como um vértice da árvore e os seus operandos como as suas subárvores.

Considere, por exemplo, a expressão *A + (B - C) * D%(E * F),* que após receber todos os parênteses fica: *(A + ((B - C)*(D%(E * F)))).*

A Figura 3.9, a seguir, mostra essa expressão, representada por uma árvore.

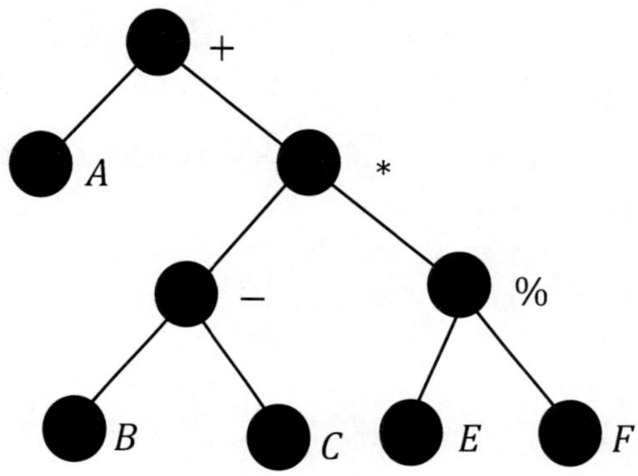

(A+(B-C)*(D%(E*F))))

Figura 3.9: Uma expressão e sua representação como árvore. Fonte: o autor.

3.4.3. Representação pelo Diagrama de Inclusão ou de Conjuntos Aninhados

Uma representação que reflete a ideia de árvores como conjuntos aninhados é mostrado na Figura 3.10, abaixo. A figura mostra o mesmo conjunto da Figura 3.7, acima.

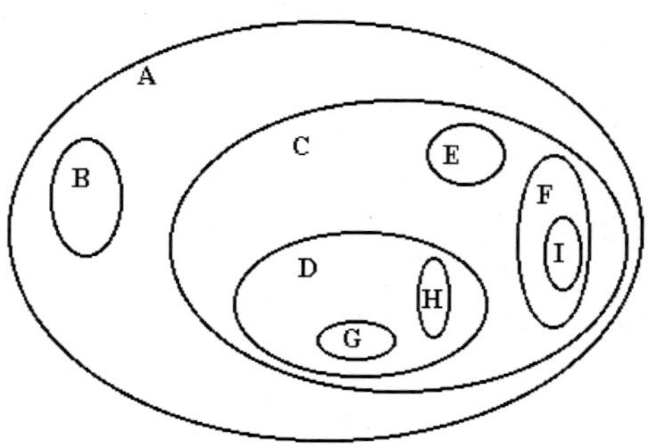

Figura 3.10: Árvore representada como conjuntos aninhados ou representação de uma árvore pelo Diagrama de Inclusão. Fonte: o autor.

A árvore acima: T = { A, B, C, D, E, F, G, H, I }, possui 2(duas) subárvores: T_b = { B } e T_c = { C, D, E, F, G, H, I }. A subárvore T_c possui 3(três) subárvores:

T_d = { D, G, H }, T_f = { F, I } e T_e = { E }. As subárvores T_b, T_e, T_g, T_h e T_i possuem apenas o vértice raiz, e nenhuma subárvore.

3.4.4. Representação por diagrama de barras

Uma outra representação para uma árvore, representada na Figura 3.11, a seguir, é a *"forma identada"* ou de *"diagrama de barras"*.

Observe que esta representação lembra um sumário de livro, cada barra indicando o título de cada capítulo.

Os sumários de livros são representações da árvore representativa do conteúdo de todo o livro.

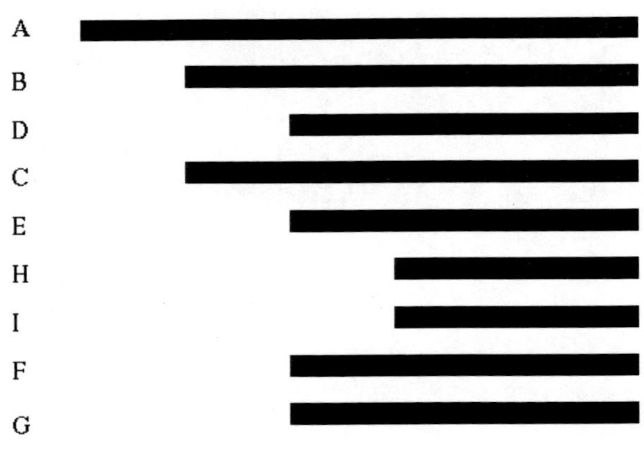

Figura 3.11: Árvore e sua representação por barras. Fonte: o autor.

3.5 Tipos de Árvores

3.5.1 Árvores Isomorfas

2 (duas) árvores não ordenadas são ditas *isomorfas* quando puderem se tornar coincidentes através de uma permutação na ordem das subárvores de seus vértices.

Ou seja, 2 (duas) árvores ordenadas são isomorfas quando forem coincidentes segundo a ordenação existente entre seus vértices.

3.5.2 Árvore Cheia

Uma árvore de grau d é uma árvore cheia se possui o número máximo de vértices. Isto é, todos os vértices têm número máximo de filhos, exceto as folhas, e todas as folhas estão na mesma altura.

A Figura 3.12, a seguir, mostra uma árvore cheia, de grau 2, e sua implementação sequencial.

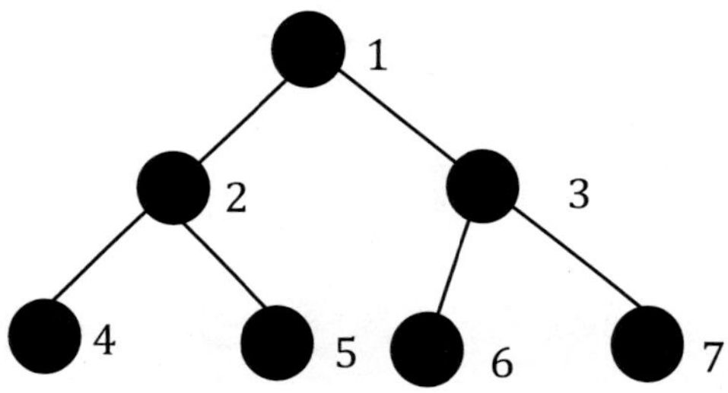

Figura 3.12: Árvore cheia – "Array", com 7 posições:

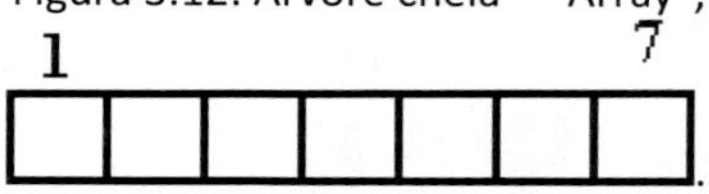

... Fonte: o autor.

Armazenamento por nível, da árvore mostrada na Figura 3.12, acima:

posição do vértice	posição dos filhos do vértice
1	2,3
2	4,5
3	6,7
i	(2i,2i+1)

Figura 3.13: Identificação da posição dos vértices de uma árvore cheia e de seus filhos. Fonte: o autor.

3.5.3 Árvores Binárias

A Figura 3.14, a seguir, mostra um importante tipo de árvore: a árvore binária. Em uma árvore binária, cada vértice tem no máximo duas subárvores e quando há somente uma subárvore presente é necessário distinguir entre subárvore esquerda e subárvore direita.

Dentre as árvores, as binárias são, sem dúvida, as mais comumente utilizadas nas aplicações em computação, e podem ser vistas em diversas situações do cotidiano.

Para ilustrar, consideremos um torneio de futebol eliminatório, por exemplo a Copa do Brasil de futebol onde, a cada etapa, os clubes são agrupados dois a dois e a cada rodada metade dos clubes que iniciaram a rodada são eliminados.

Nessas condições, a distribuição da tabela é mostrada por meio de uma árvore binária, por exemplo.

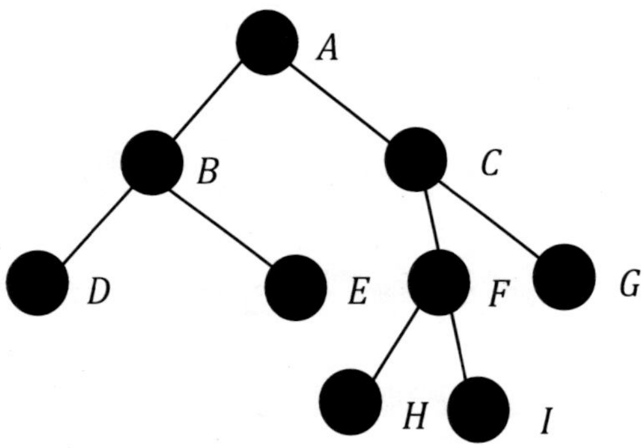

Figura 3.14: Árvore binária. Fonte: o autor.

Formalmente, uma árvore binária pode ser definida como um conjunto finito de vértices, que é vazio ou consiste de um vértice raiz r, chamado raiz de T.

Os vértices restantes podem ser divididos em dois conjuntos disjuntos de vértices: Tr_e e Tr_d, que são, respectivamente, as subárvores à esquerda e à direita de r, as quais, por sua vez, também são árvores binárias.

É importante observar que uma árvore binária não é um caso especial de árvore, e sim um conceito diferente de uma árvore.

Por exemplo, considere a Figura 3.15, a seguir. Note que elas são duas árvores idênticas.

Porém, sob o conceito de árvores binárias, elas são duas árvores binárias diferentes. Isto porque uma delas tem a subárvore da direita vazia e a outra tem a subárvore da esquerda vazia.

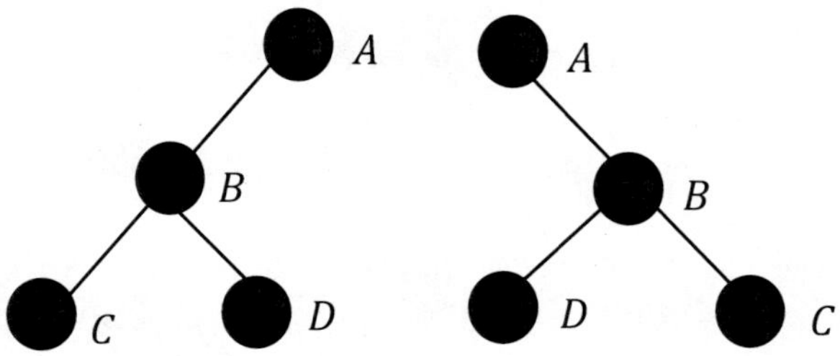

Figura 3.15: Árvores binárias diferentes entre si. Fonte: o autor.

Uma árvore estritamente binária é uma árvore binária em que cada vértice ou não tem filhos ou tem 2 filhos.

Uma árvore binária cheia é uma árvore na qual se um vértice tem alguma subárvore vazia então tal vértice está no último nível.

Uma árvore completa é aquela em que, se o vértice *n* é um vértice com algumas de suas subárvores vazias então *n* se localiza no penúltimo ou no último nível.

Portanto, toda árvore cheia é completa e estritamente binária.

A Figura 3.16, a seguir,http://equipe.nce.ufrj.br/adriano/c/apostila/arvore.htm - arvbcc#arvbcc mostra uma árvore estritamente binária, uma árvore binária completa e uma árvore binária cheia.

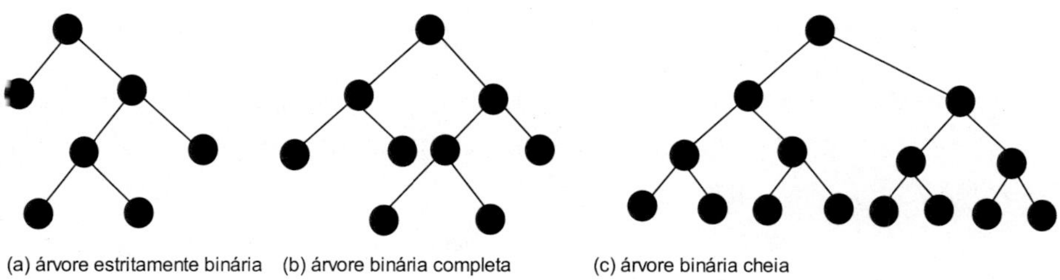

Figura 3.16: Diferentes tipos de árvores binárias. Fonte: o autor.

3.6 Armazenamento de árvores binárias

Para armazenar cada vértice de uma árvore binária, precisamos de uma estrutura que contenha dois ponteiros: um ponteiro aponta para a subárvore à esquerda e outro ponteiro aponta para a subárvore à direita.

Naturalmente, que devemos ter o (s) campo (s) suficiente (s) para armazenar as informações que o vértice deve conter.

A Figura 3.17, a seguir, ilustra o exemplo de um diagrama possível de como poderia ser feito o armazenamento do conteúdo de uma árvore binária.

Convém observar que, se desconsiderarmos os campos de informação para armazenar uma árvore com *n* vértices, será preciso dispor de 2*n*+1 unidades de memória.

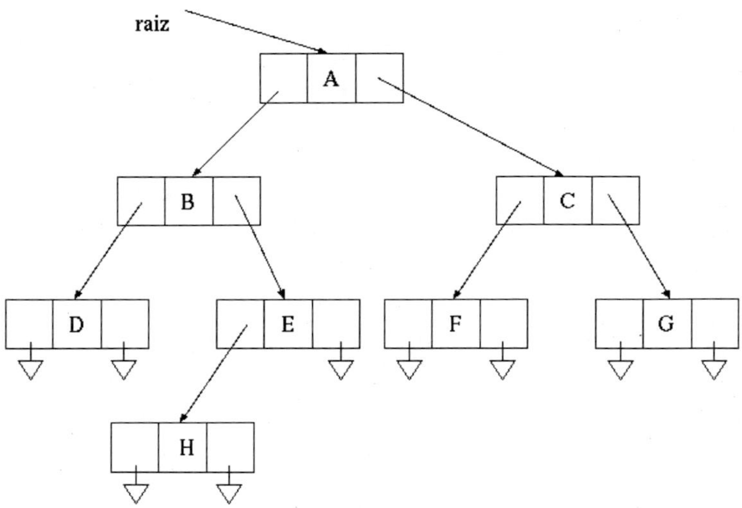

Figura 3.17: Armazenamento do conteúdo de uma árvore binária. Fonte: o autor.

No processo de criação de uma árvore, precisaremos disponibilizar 3 (três) operações importantes: cria_arvore, pos_esq e pos_dir, como a seguir:

- A operação cria_arvore, cria uma árvore binária nova consistindo de um único vértice, armazena a informação e retorna um ponteiro para este vértice;
- A operação pos_esq aceita um ponteiro ***p*** para uma árvore binária sem filho esquerdo, e cria um novo filho esquerdo contendo a informação ***x***;

- A operação pos_dir é semelhante à operação pos_esq com a diferença de que ela cria um novo filho (vértice) à direita contendo a informação ***y***.

3.7 Uma aplicação de árvores binárias

As árvores binárias são estruturas importantes a todo momento que uma decisão binária deve ser tomada, em algum ponto de um algoritmo.

Agora, vamos mostrar uma aplicação simples relativa às árvores binárias. ***Situação-problema:***

Suponha que precisamos identificar os números duplicados em uma lista não ordenada de números.

- Uma maneira para se fazer isso é comparar cada novo número da lista com todos os números já lidos. Tal procedimento aumenta, em muito, a complexidade do algoritmo criado segundo este procedimento;
- Outra possibilidade para resolver a situação-problema é estabelecer, e manter, uma lista dos números de maneira ordenada, e a cada número lido fazer uma nova busca na referida lista;
- Uma outra possibilidade para resolver a situação-problema é a de usar uma árvore binária para manter os números. Por este procedimento, o primeiro número lido é colocado na raiz da árvore. Cada novo número lido é comparado com o elemento raiz. Caso o número seja igual, é uma duplicata da raiz, e voltamos a ler outro número. Se o número lido é menor repetimos o processo com a árvore da direita, e se o número lido é maior repetimos o processo com a árvore da esquerda. Este processo continua até que uma duplicata é encontrada ou uma árvore vazia é achada e, neste caso, o número é inserido na posição devida, na árvore.

Por exemplo, considere que os números 7, 8, 2, 5, 8, 3, 5, 10, 4 foram fornecidos por um usuário e precisamos identificar se há e quais são os números duplicados em tal lista.

Neste caso, a árvore binária mostrada na Figura 3.18, a seguir, seria construída conforme o procedimento descrito em prosseguimento: o primeiro número lido é o número 7, prosseguindo como está descrito acima.

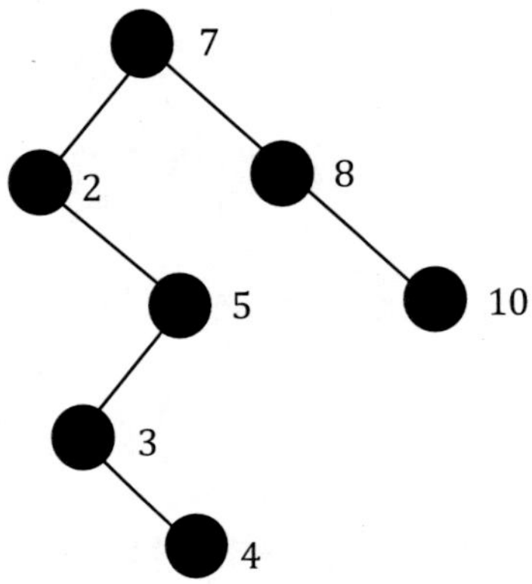

Figura 3.18: Árvore utilizada para a comparação de números duplicados ou não.
Fonte: o autor.

3.8 Algoritmo de Huffman

Para analisar mais uma aplicação de árvores binárias considere a situação-problema de "codificar uma mensagem composta de uma sequência de símbolos pertencentes a um alfabeto que contém **n** símbolos".

Tal mensagem será transformada em uma sequência de bits depois que a cada símbolo for atribuído um código binário, e os códigos dos símbolos da mensagem forem concatenados conforme a mensagem.

Para tal, considere um alfabeto composto de 4 (quatro) símbolos: A, B, C e D, sendo que a cada um dos símbolos é atribuído um particular código, conforme está indicado na Figura 3.19, a seguir:

Símbolo	Código correspondente
A	00
B	01
C	10
D	11

Figura 3.19: Símbolos e respectivos códigos. Fonte: o autor.

Conforme a codificação acima, a mensagem ABCADCA seria codificada da seguinte maneira: 00011000111000, tendo comprimento de 14 bits.

O objetivo do algoritmo é criar um código que minimize o comprimento da mensagem. E, para criar este código, levamos em conta a frequência de cada símbolo presente na respectiva mensagem, como mostra a tabela presente na Figura 3.20, a seguir:

Símbolo	Frequência
A	3
B	1
C	2
D	1

Figura 3.20: Símbolos e respectivas frequências presentes na mensagem. Fonte: o autor.

Da tabela acima, verifica-se que uma vez que o símbolo A é aquele que aparece com maior frequência na mensagem, se atribuímos ao símbolo A um código binário mais curto que os atribuídos aos símbolos B e D, por exemplo, teríamos uma mensagem de comprimento menor.

Tal constatação provém do fato de que o símbolo A aparece mais vezes que os símbolos B e D aparecem, nesta mensagem.

Por conta disso, suponha que os seguintes novos códigos sejam atribuídos aos mesmos símbolos mostrados acima, conforme a Figura 3.21, a seguir:

Símbolo	Código
A	0
B	110
C	10
D	111

Figura 3.21: Símbolos e códigos. Fonte: o autor.

Usando esta codificação para os símbolos em questão, a mensagem a ser codificada, qual seja: ABCADCA, fica como 0110100111100, a qual requer um comprimento de 13 bits (comprimento menor que o dispensado no procedimento anterior, que era de 14 bits).

Note que em mensagens longas, com maior quantidade de símbolos não frequentes, o ganho pode ser ainda maior.

Um dos requerimentos deste código é que *nenhum código seja prefixo de outro*, caso a decodificação seja feita da esquerda para direita.

Para tal, ao decodificar a mensagem acima começamos a leitura da esquerda para a direita caso o primeiro bit seja 0, o código que corresponde ao símbolo A.

Caso contrário, devemos continuar a examinar os bits restantes. Assim, se o segundo bit for 0, o código corresponde ao símbolo C. Caso contrário, examinamos o terceiro bit. Se o terceiro bit for 0, o código corresponde ao símbolo B, e se for 1, o código corresponde ao símbolo D.

Resumindo:

Para encontrar o algoritmo ótimo, a partir do código estabelecido conforme acima, se deve seguir os seguintes passos:

- 1º) Encontre os 2 (dois) símbolos que aparecem com menor frequência na mensagem a ser decodificada. Neste exemplo, os símbolos B e D;
- 2º) Atribua o código 0 para o símbolo B e o código 1 para o símbolo D;

- 3º) Combine estes 2 (dois) símbolos em um único símbolo BD. Este novo símbolo terá frequência igual à soma das frequências dos símbolos B e D. Neste caso, frequência igual a 2. Para este exemplo tem-se, agora, os seguintes símbolos: A (frequência igual a 3), C (frequência igual a 2) e BD (frequência igual a 2), os quais poderiam ser escritos assim: A(3), C(2) e BD(2).
- 4º) Novamente, entre os novos símbolos a serem considerados, escolha os símbolos de menor frequência. Neste caso, os símbolos C e BD, de frequências iguais a 2;
- 5º) Atribua o código 0 ao símbolo C, e atribua o código 1 ao símbolo BD. Tal procedimento significa adicionar o dígito 1 aos anteriores códigos dos símbolos B e D, que passam a ser representados pelos códigos 10 e 11, respectivamente;
- 6º) Combine esses 2 (dois) símbolos em um símbolo único, a saber: CBD, símbolo esse de frequência igual a 2 + 2 = 4. Restanos, portanto, agora, apenas 2(dois) símbolos, a saber: o símbolo A (3) e o símbolo CBD (4);
- 7º) Atribua o código 0 ao símbolo A, e atribua o código 1 ao símbolo CBD. Assim, o símbolo ACBD é o único símbolo restante, de frequência igual a 3 + 4 = 7, o qual recebe o código NULL de comprimento 0.

A Figura 3.22, a seguir, mostra a árvore binária que pode ser construída a partir deste exemplo. Observe que cada vértice está representado pelo símbolo atribuído e a sua respectiva frequência.

Tal árvore é conhecida como árvore de Huffman.

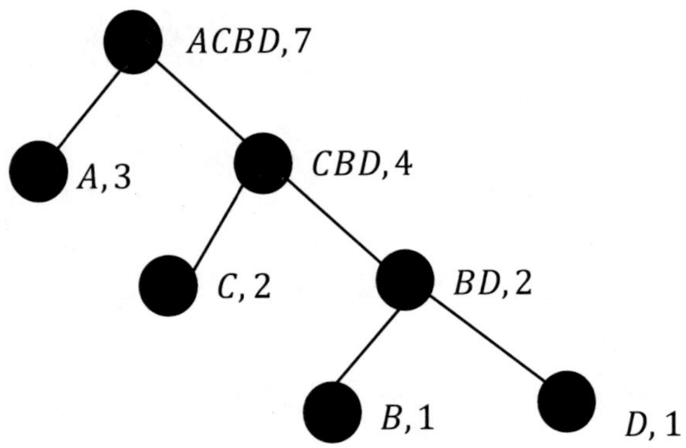

Figura 3.22: Árvore de Huffman. Fonte: o autor.

3.9 Percorrendo árvores binárias

Uma operação muito comum é percorrer uma árvore binária, o que significa passar por todos os vértices pelo menos uma vez.

Percorrer uma árvore visitando cada vértice uma única vez gera uma sequência linear de vértices e, então, passa a ter sentido falar em sucessor e predecessor de um vértice segundo um determinado percurso.

O conceito de visitar significa executar uma operação com a informação armazenada no vértice. Por exemplo, imprimir seu conteúdo.

Na operação de percorrer a árvore pode-se passar por alguns vértices mais de uma vez, sem necessariamente visitá-los.

Uma árvore é uma estrutura não sequencial, diferentemente de uma lista, por exemplo. Assim, não existe ordem natural para percorrer árvores e, portanto, podemos escolher diferentes maneiras de percorrê-las.

Vamos analisar 3 (três) métodos para percorrer árvores, os quais podem ser definidos recursivamente e baseiam-se em 3 (três) operações básicas - que são consequência natural da estrutura da árvore -, e cuja única diferença é a ordem em que estas operações são executadas.

Eis as 3 (três) operações básicas:

- Visitar a raiz;
- Percorrer a subárvore da esquerda;
- Percorrer a subárvore da direita.

Essas ordens são definidas recursivamente (definição natural para uma árvore) e em função da *raiz* (r), da *subárvore esquerda* (e) e da *subárvore direita* (d).

- Preordem (r,e,d): Visite a raiz *antes* das subárvores.
- Emordem (e,r,d): Visite a primeiro a subárvore *esquerda*, depois a *raiz* e *depois* a subárvore *direita*.
- Pósordem (e,d,r): Visite a *raiz* depois das subárvores.

As subárvores são *sempre* visitadas da esquerda para a direita.

O primeiro método, conhecido como *percurso em pré-ordem (Preordem (r,e,d) – Preorder)*, implica em executar recursivamente os 3 (três) passos, na seguinte ordem:

- Visitar a raiz;
- Percorrer a subárvore da esquerda em pré-ordem;
- Percorre a subárvore da direita em pré-ordem.

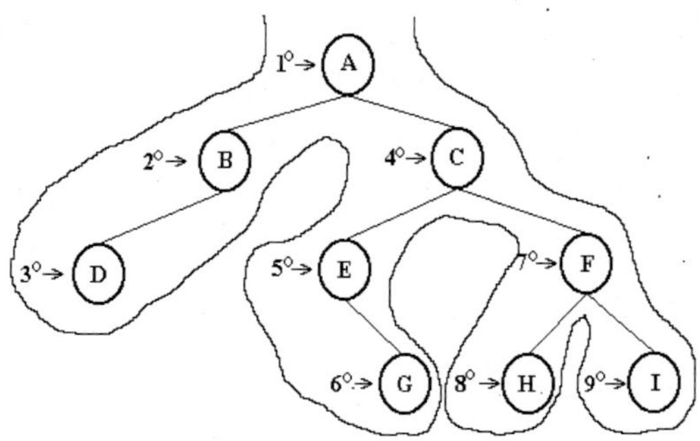

Figura 3.23: Árvore. Fonte: o autor.

Pré-ordem:

- ABDCEGFHI
- Visita o vértice quando passar a sua esquerda;
- Notação pré-fix.

Para a árvore da Figura 3.23, http://equipe.nce.ufrj.br/adriano/c/apostila/arvore.htm - arvbinp#arvbinp este percurso forneceria, no caso da visita significar imprimir, os seguintes resultados: F B A D C E H G I.

Uma aplicação interessante deste tipo de percurso é aplicá-lo a uma árvore que contenha uma expressão aritmética, a qual foi expandida e recebeu todos os parênteses.

Por exemplo, aplicando-se o percurso em pré-ordem à árvore da Figura 3.23, obtém-se como resultado a expressão em notação polonesa normal, isto é, os operandos antes dos operadores.

Deste modo, o resultado é o seguinte: +A*-BC%D*EF. Observe que esta notação é diferente da notação polonesa reversa, em que os operadores aparecem depois dos operandos.

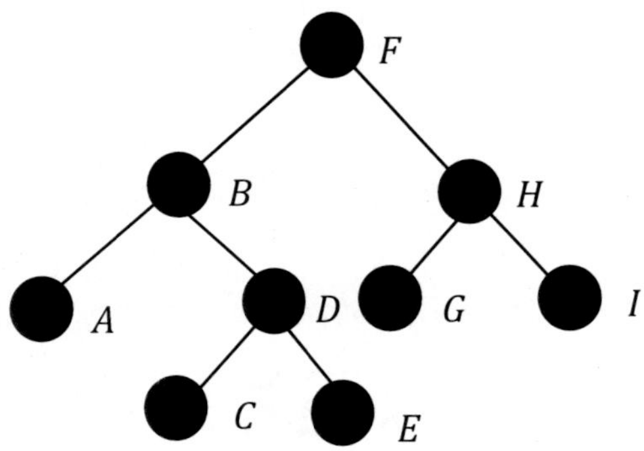

Figura 3.24: Árvore. Fonte: o autor.

Para percorrer a árvore em ordem simétrica, executa-se recursivamente os 3 (três) passos na seguinte ordem:

Percorrer a subárvore da esquerda em ordem simétrica;

Visitar o vértice raiz;

Percorrer a subárvore da direita em ordem simétrica.

Para a árvore da Figura 3.24 http://equipe.nce.ufrj.br/adriano/c/apostila /arvore.htm - arvbin#arvbin, o percurso forneceria o seguinte resultado A B C D E F G H I.

Este tipo de percurso é muito empregado em árvores binárias de busca. Considere a árvore mostrada na Figura 3.18 http://equipe.nce.ufrj.br/ adriano/c/apostila/arvore.htm - arvbus#arvbus. Caso a árvore seja percorrida em ordem simétrica, o resultado será 2 3 4 5 7 8 10, que são os números lidos em ordem crescente e sem repetição.

O segundo método, conhecido como *percurso pós-ordem (Pósordem (e,d,r) – Postorder)* é feito a partir dos três passos na seguinte ordem:

1 Percorrer a subárvore da esquerda em pós-ordem;

2 Percorrer a subárvore da direita em pós-ordem;

3 Visitar o vértice raiz.

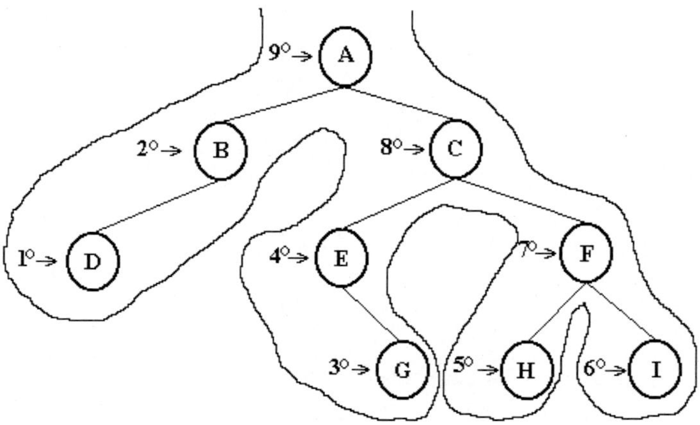

Figura 3.25: Percurso pós-ordem. Fonte: o autor.

- DBGEHIFCA
- Visita o vértice quando passar a sua direita;
- Notação pós-fix.

Para a árvore da Figura 3.25, o percurso forneceria o seguinte resultado: A C E D B G I H F.

O percurso em pós-ordem pode ser aplicado no cálculo da altura de uma árvore. Para calcular essa altura, é necessário encontrar o maior caminho da raiz até uma de suas folhas.

Deste modo, só podemos calcular o comprimento de um caminho a partir de um vértice *v,* após percorrermos todos os seus descendentes.

O terceiro método, conhecido como *percurso in-ordem (Emordem (e,r,d) – Inorder)* é feito a partir dos três passos na seguinte ordem:

1 Percorrer a subárvore da esquerda em in-ordem;

2 Visitar o vértice raiz;

3 Percorrer a subárvore da direita em in-ordem.

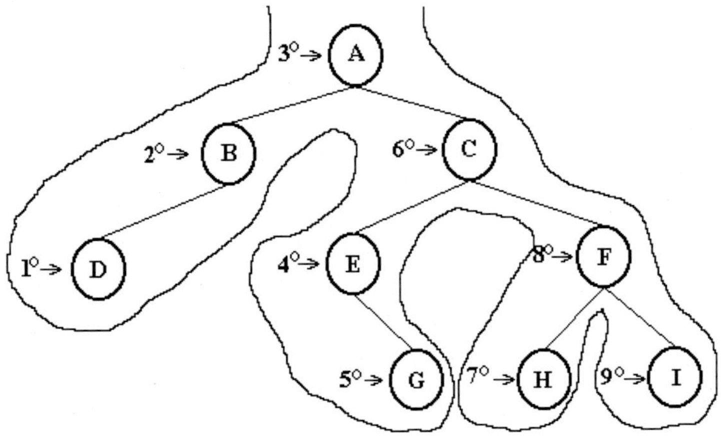

Figura 3.26: Percurso in-ordem. Fonte: o autor.

- DBAEGCHFI
- visita o vértice quando passar embaixo do vértice;
- notação in-fix.

3.10 Árvore binária de busca

Uma Árvore Binária de Busca T (ABB) ou Árvore Binária de Pesquisa (ABP) é tal que ou T = 0 e a árvore é dita vazia, ou o seu vértice raiz contém uma chave, e as seguintes condições são satisfeitas:

1 Todas as chaves da subárvore esquerda são menores que a chave da raiz.

2 Todas as chaves da subárvore direita são maiores que a chave raiz.

3 As subárvores direita e esquerda são, também, Árvores Binárias de Busca (ABB).

Em algoritmos de busca, a medida de eficiência é dada pelo número de comparações necessárias para se localizar uma chave ou para descobrir que ela não existe.

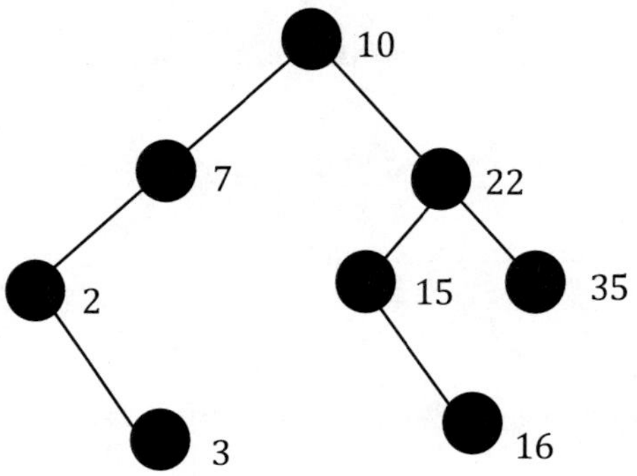

Figura 3.27: Árvore Binária de Busca. Fonte: o autor.

Numa lista linear com ***n*** chaves, temos de fazer ***n*** *comparações*, no *pior caso.* O número de comparações cresce linearmente em função do número de chaves.

Uma busca binária consiste de uma pesquisa realizada caso a informação esteja armazenada de forma ordenada, e em sequência (array).

3.11 Algoritmos de busca em árvores

Consideremos uma forma de representar uma expressão formada de operadores diádicos (binários), qual seja: a árvore.

É possível representar qualquer expressão onde todos os operadores aceitem 2 (dois) argumentos.

Por exemplo: uma expressão somente com as operações elementares, através de uma árvore, pois:

- Cada operador representa uma bifurcação;
- Seus dois operandos correspondentes são representados pelas suas subárvores;
- Essa é uma forma recursiva de se representar uma expressão;
- A precedência de operadores foi considerada.

Qual a eficiência de um algoritmo de busca binária?

- Para n = 8 posições, o pior caso é quando for preciso chegar à posição 1 ou à posição 8.
- A cada divisão, desprezamos toda a porção maior ou menor que a chave, como mostra a Figura 3.28, a seguir:

Tabela comparativa

com n comparações	chegamos à posição
1	n/2
2	n/4
k	$n/2^k$

Figura 3.28: Tabela comparativa. Fonte: o autor.

Observe que, se $\frac{n}{2^j} = 1 \rightarrow n = 2^j \rightarrow j = \log_2 n$.

Portanto, com busca binária obtemos a melhor eficiência possível em array. Por outro lado, ficamos limitados à representação sequencial (deslocamentos, previsão de memória etc.).

Podemos utilizar a Árvore Binária de Busca (ABB), e o mesmo desempenho anterior será obtido desde que a altura da árvore seja mínima.

Portanto, é a característica de altura mínima que garante que se está tomando a chave do meio da porção pesquisada.

Com a Árvore Binária de Busca perfeitamente balanceada tem-se a altura mínima da árvore e, portanto, o número de comparações será igual a:

H_{min} = menor inteiro $\geq \log_2(n+1)$.

A Tabela 3.29, a seguir, mostra-nos algumas alturas mínimas de árvores.

Altura mínima de uma árvore

n	h	$H_{mín}$
1	$\log_2 2$	1
2	$\log_2 3$	2
3	$\log_2 4$	2
4	$\log_2 5$	3
5	$\log_2 6$	3

Tabela 3.29: Altura mínima de uma árvore perfeitamente balanceada. Fonte: o autor.

Para garantir a performance ótima, temos que garantir que a árvore seja balanceada durante a construção e que o balanceamento seja mantido em inserções e eliminações.

3.12 Árvore Binária Balanceada (AVL) e Rebalanceamento

3.12.1 Definição

Uma árvore binária de busca (ABB) é dita balanceada (AVL) se for construída de tal modo que, para cada vértice, a altura de sua subárvore direita difere da altura de sua subárvore esquerda de, no máximo, uma unidade.

Em 1962, os matemáticos russos G.M. Adelson-Velskki e E.M.Landis sugeriram uma definição para "near balance", e descreveram procedimentos para a inserção e a eliminação de vértices nessas árvores, quais sejam: os algoritmos de balanceamento de árvore são chamados algoritmos AVL e as árvores são chamadas árvores AVL.

O balanceamento de um vértice é igual à diferença entre as suas alturas esquerda e direita.

Portanto, cada vértice de uma árvore balanceada tem balanceamento igual a: -1, 0 ou 1, dependendo da comparação entre as alturas esquerda e direita.

Lembrando que a altura de um vértice v da árvore é o número de vértices do maior caminho de v até um de seus descendentes e que as folhas têm altura 1.

Uma árvore binária completa, com v vértices (v > 0), tem altura mínima que é igual a 1 + floor (log (n)).

A Figura 3.30, a seguir,http://equipe.nce.ufrj.br/adriano/c/apostila/arvore.htm - arvbal#arvbal mostra-nos uma árvore binária balanceada.

Os valores escritos a direita de cada um dos vértices são, respectivamente, a altura do vértice e o seu balanceamento.

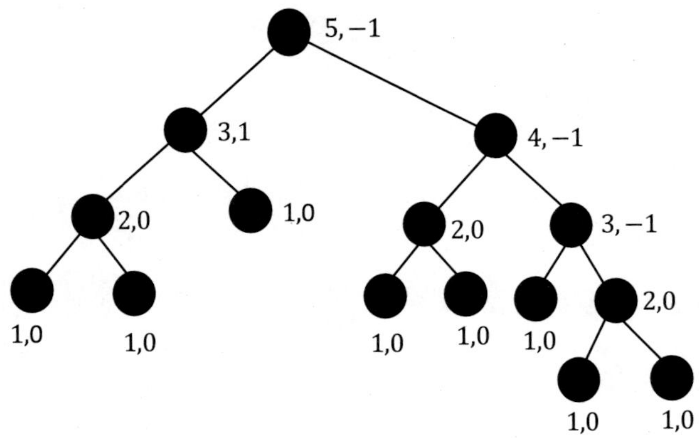

Figura 3.30: Árvore binária balanceada. Fonte: o autor.

Caso a probabilidade de se pesquisar uma chave em uma tabela seja a mesma para todas as chaves, uma árvore binária balanceada terá a busca mais eficiente.

Infelizmente, o método de inserção em árvores binárias apresentado antes não garante que a árvore permanecerá balanceada. Como visto, a estrutura da árvore depende da ordem em que as chaves são inseridas na árvore.

A Figura 3.31, a seguir, mostra-nos as possibilidades de inserção na árvore, e o que ocorreria com o seu balanceamento.

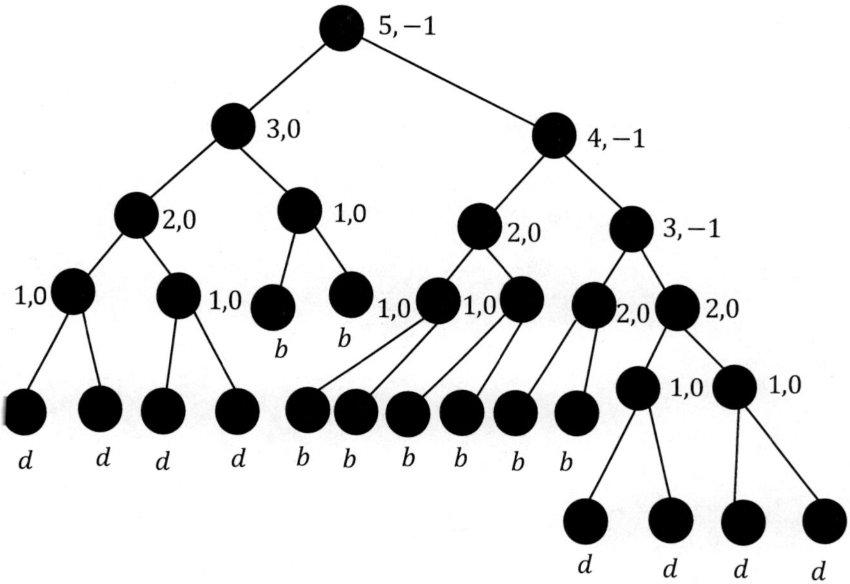

Figura 3.31: Árvore balanceada e suas possibilidades de inserção. Fonte: o autor.

Cada inserção que mantém a árvore balanceada está indicada por um b e as que *desbalanceam a árvore* por um d.

Observe que uma árvore se torna desbalanceada quando o vértice inserido se torna descendente esquerdo de um vértice que tinha anteriormente um balanceamento de 1, ou se ele se tornar descendente direito de um vértice que tinha anteriormente balanceamento de -1(menos um).

Tal afirmação é simples de deduzir.

Se, por exemplo, um vértice que tinha balanceamento 1 recebe um descendente direito, ele aumenta sua altura em 1 e, portanto, tem o seu desbalanceamento aumentado em uma unidade.

- O que pode acontecer quando um novo vértice é inserido numa árvore balanceada (AVL)?

Dada uma raiz r com subárvores L(left) e R(right), e supondo que a inserção deve ser feita na subárvore da esquerda, podemos distinguir 3(três) casos:

1 Se hL = hR, então L e R ficam com alturas diferentes mas continuam balanceadas;

2 Se hL < hR, então L e R ficam com alturas iguais e balanceamento foi melhorado;

3 Se hL > hR, então L fica ainda maior e balanceamento foi violado.

Por exemplo, considere a árvore apresentada na Figura 3.32, abaixo:

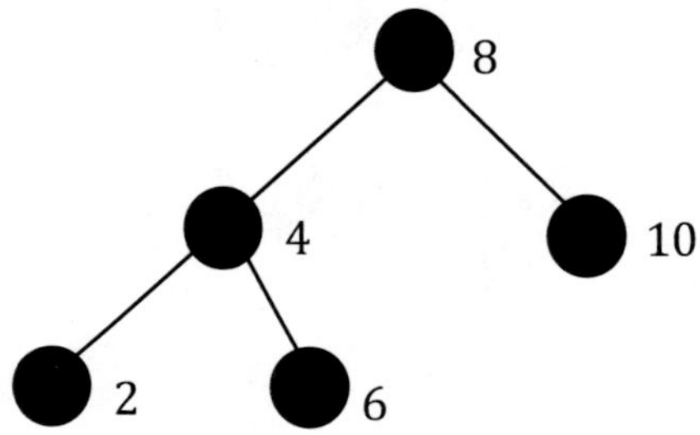

Figura 3.32: Árvore. Fonte: o autor.

Observe que:

- Os vértices 9 ou 11 podem ser inseridos, sem balanceamento, fazendo a subárvore com raiz 10 passar a ter uma subárvore e a subárvore com raiz 8 fica, agora, melhor balanceada.
- A inserção dos vértices 3, 5 ou 7 requerem que a árvore seja rebalanceada.

Chama-se Fator de Balanceamento (FB) de um vértice v ao resultado da subtração da altura da subárvore à direita do vértice v pela altura da subárvore à esquerda do vértice v.

Os problemas de rebalanceamento podem ser mapeados segundo 2 (dois) tipos, a saber:

Tipo 1: o vértice raiz de uma subárvore tem FB = 2 (ou FB = - 2) e tem um filho com FB = 1 (ou FB = - 1), o qual tem o mesmo sinal que o FB do vértice pai.

Exemplos:

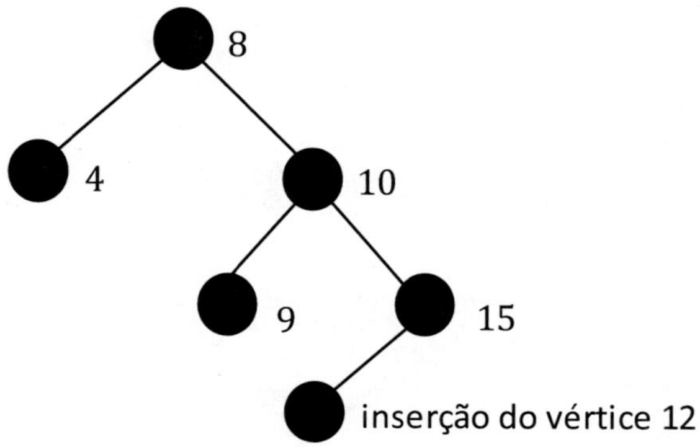

Figura 3.33: Árvore com possibilidade de rebalanceamento. Fonte: o autor.

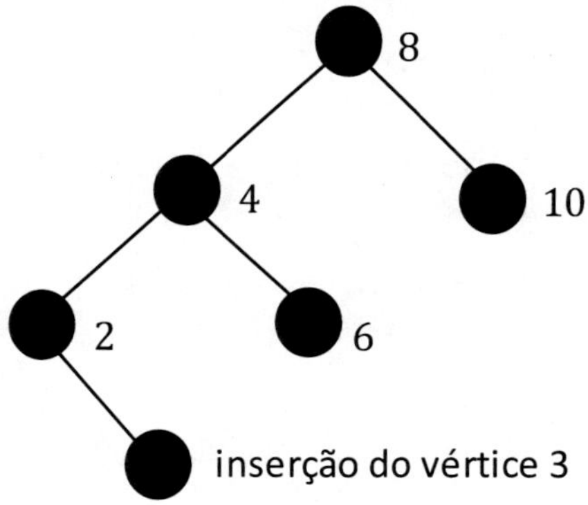

Figura 3.34: Árvore com possibilidade de rebalanceamento. Fonte: o autor.

Solução possível:

- Rotação simples sobre o vértice de FB = 2 (respectivamente, FB = - 2);
- Rotações são feitas à esquerda quando FB positivo e à direita quando FB negativo.

Tipo 2: o vértice raiz de uma subárvore tem FB = 2 (ou FB = - 2) e tem um filho com FB = - 1 (ou FB = 1) o qual tem o sinal oposto ao FB do vértice pai.

Considere, por exemplo, o caso (-2) (1), FB = -2 do vértice 8 e FB = 1 do vértice 4.

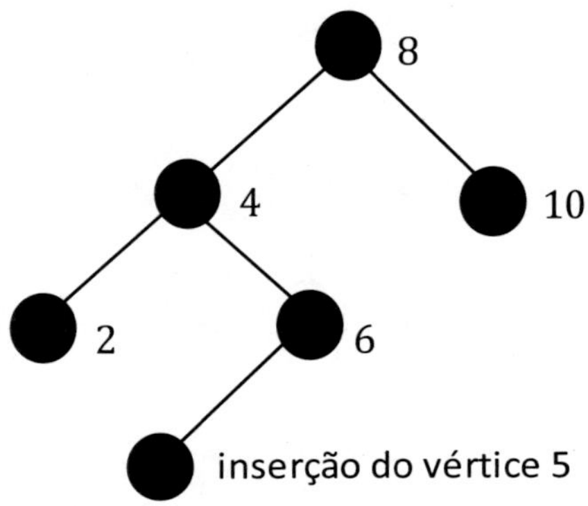

Figura 3.35: Árvore com possibilidade de rebalanceamento. Fonte: o autor.

Uma solução possível é fazer duas rotações, a saber:

- Primeiramente, roda-se o vértice com FB = 1 (ou FB = - 1) na direção apropriada;
- Em seguida, roda-se o vértice que tinha FB = - 2 (ou FB = 2) na direção oposta.

No caso da rotação do vértice 4 à esquerda, como mostrado na Figura 3.36, a seguir:

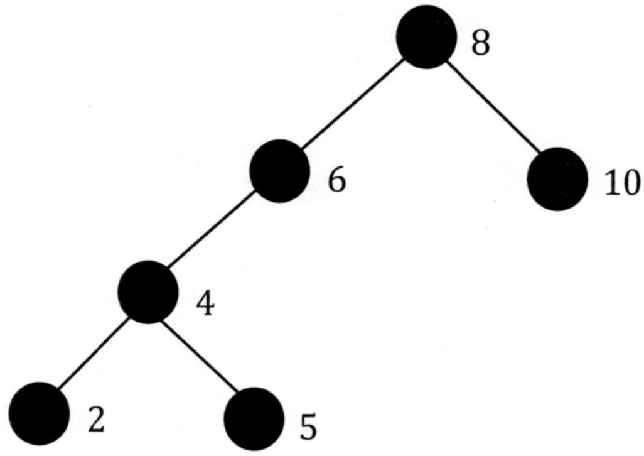

Figura 3.36: Árvore com possibilidade de rebalanceamento. Fonte: o autor.

No caso da rotação do vértice 8 à direita, como mostrado na Figura 3.37, a seguir:

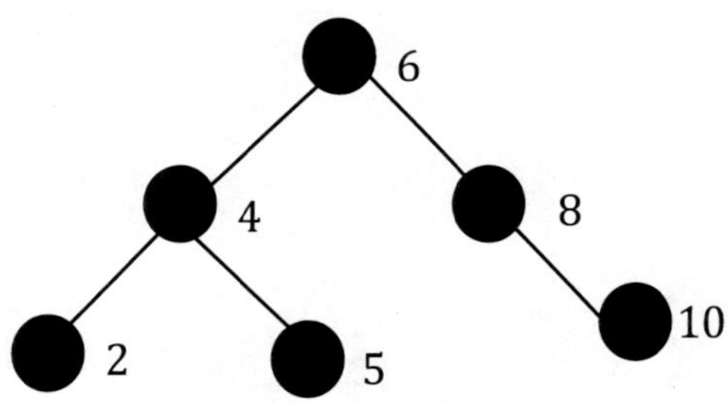

Figura 3.37: Árvore com possibilidade de rebalanceamento. Fonte: o autor.

3.13 Árvore Binária Perfeitamente Balanceada

3.13.1 Definição

Uma árvore binária é dita perfeitamente balanceada se, para cada vértice, o número de vértices de 2 (duas) subárvores diferem de, no máximo, uma unidade.

Uma Árvore Perfeitamente Balanceada é a árvore com menor altura para o seu número de vértices.

A Figura 3.38, a seguir, mostra-nos alguns exemplos de árvores perfeitamente balanceadas.

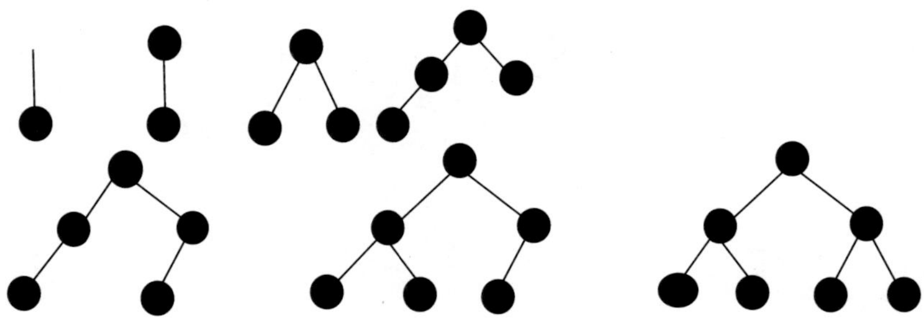

Figura 3.38: Árvores Perfeitamente Balanceadas. Fonte: o autor.

Procedimento recursivo para a geração balanceada de vértices:

1 Use um vértice para a raiz;

2 Gere a subárvore esquerda com $n_k = \frac{n}{2}$ vértices, usando este mesmo procedimento.

3 Gere a subárvore direita com $n_k = n - n_k - 1$ vértices, usando este mesmo procedimento.

3.14 Removendo vértices de Árvores Binárias

Para remover um vértice de uma árvore binária, será preciso que se considere um dos 3 (três) casos, como a seguir:

- O vértice a ser removido sem filhos;
- O vértice a ser removido com um único filho;
- O vértice a ser removido com 2 (dois) filhos.

O caso de remoção de um vértice sem filhos é o mais simples, e esse procedimento simples consiste apenas em ajustar o ponteiro de seu pai;

No caso de o vértice que vai ser removido tenha um único filho, a mudança na árvore também é bastante simples e esse tal procedimento simples consiste em mover uma posição para cima o vértice que está conectado ao vértice que será removido;

O caso mais complexo, da remoção de um vértice com 2 (dois) filhos, será preciso procurar o sucessor ***s*** (ou antecessor) do vértice, o qual deverá ocupar o lugar do vértice a ser removido. Este vértice (sucessor) é um descendente que está na subárvore à direita do vértice a ser removido, e corresponde ao vértice mais à esquerda desta subárvore. Tal vértice não tem filhos à esquerda, e a sua árvore à direita pode ser movida para o lugar de ***s***.

3.15 Árvores Binárias Balanceadas

Vamos avaliar a situação de uma subárvore que se tornará desbalanceada quando ocorrer uma inserção de um vértice.

Para tal, suponha, também, que este vértice a ser inserido tem um balanceamento igual a 1. Neste caso, o desbalanceamento apenas irá ocorrer se a inserção do vértice de balanceamento igual a 1 ocorrer em um vértice da direita. Observe que o vértice A tem balanceamento igual a 1.

Portanto, a subárvore da esquerda tem altura não nula e maior que a altura da subárvore da direita em uma unidade.

Então, ao inserir um vértice na subárvore da direita sua altura aumenta de uma unidade, e o balanceamento passa para 2. Observe, também, que como o vértice mais jovem a se tornar desbalanceado é o vértice A, o seu filho pela esquerda terá de ter balanceamento igual a zero.

Portanto, para manter a árvore balanceada será necessário que a transformação na árvore seja de tal modo que satisfaça às seguintes condições:

1 A árvore permaneça uma árvore de busca binária;

2 A árvore continue a ser uma árvore balanceada.

Para tal, será preciso definir a operação de rotação em uma árvore, rotação essa que pode ser à direita ou à esquerda.

CAPÍTULO 4
ÁRVORES GERADORAS E ALGORITMOS DE GRAFOS

4.1 Motivação

Neste capítulo, apresentamos alguns algoritmos de conectividade de grafos baseados em árvores e analisamos diversas técnicas de categorização - comuns em termos da sua estrutura de árvore geradora (ou abrangente) subjacente.

Em muitas aplicações, os algoritmos de grafos são necessários para testar se um dado grafo apresenta ou não certa propriedade.

Por exemplo, no tocante à conectividade ou à planaridade ou ainda, para contar todas as ocorrências de uma dada estrutura tais como o número de circuitos ou de subgrafos completos.

Para tal, os algoritmos geralmente empregam uma árvore geradora (ou abrangente) para mover-se através do grafo durante a busca por essas propriedades ou a presença desse tipo de estruturas.

Por essas razões, antes de usar tais algoritmos, primeiramente é preciso construir uma árvore geradora abrangendo todos os vértices do grafo em análise.

A seguir, apresentamos alguns algoritmos básicos de grafos que se utilizam de árvores geradoras.

4.2 Algoritmo para testar se um grafo não direcionado é ou não conexo

Para testar se um grafo não direcionado é ou não conexo, de início se faz uma busca em profundidade (ou em largura) para tentar construir uma árvore geradora.

Se todos os vértices do grafo são alcançados na busca, e uma árvore geradora é obtida então o grafo é conexo. Mas, se a busca não alcança todos os vértices, o grafo é desconexo.

4.2.1 Exemplo

Dado um grafo G, chama-se matriz de adjacências do grafo a uma matriz tal que as entradas (i, j) são iguais a 1 se, e somente se, o vértice v_i é adjacente ao vértice v_j e igual a 0, em caso contrário. Vamos verificar se um grafo não direcionado G é ou não conexo, onde a sua matriz de adjacências é mostrada na Figura 4.1, a seguir.

	v1	v2	v3	v4	v5	v6	v7	v8
v1	0	1	1	1	0	1	0	0
v2	1	0	1	0	1	0	1	0
v3	1	1	0	0	0	0	0	0
v4	1	0	0	0	0	0	1	0
v5	0	1	0	0	0	0	1	0
v6	1	0	0	0	0	0	0	0
v7	0	1	0	1	1	0	0	1
v8	0	0	0	0	0	0	1	0

Figura 4.1: Matriz de adjacências de um grafo G. Fonte: o autor.

Para verificar se o grafo G é conexo, vamos apresentar uma busca em profundidade de G, começando com o vértice v_1, escolhido como raiz.

Durante a busca, a cada vértice sucessivo tomamos a próxima aresta na árvore para ser a aresta conectada ao vértice de rotulação mais baixa, e que ainda não esteja na árvore.

Então, conforme a matriz acima, do vértice v_1 vamos para os vértices v_2 e v_3. Como v_3 não é adjacente a nenhum outro vértice, retornamos do vértice v_3 para o vértice v_2, e continuamos a busca a partir do vértice v_2 indo para o vértice v_5, daí para o vértice v_7 e, a seguir, para o vértice v_4. Do vértice v_4 retornamos para o vértice v_7, e continuamos a busca a partir do vértice v_8. Do vértice v_8, precisamos retornar todo o caminho de volta até chegar ao vértice v_1 e, a partir dele é finalizada, uma vez que todos os vértices já foram visitados.

A árvore geradora que foi obtida é mostrada na Figura 4.2, a seguir.

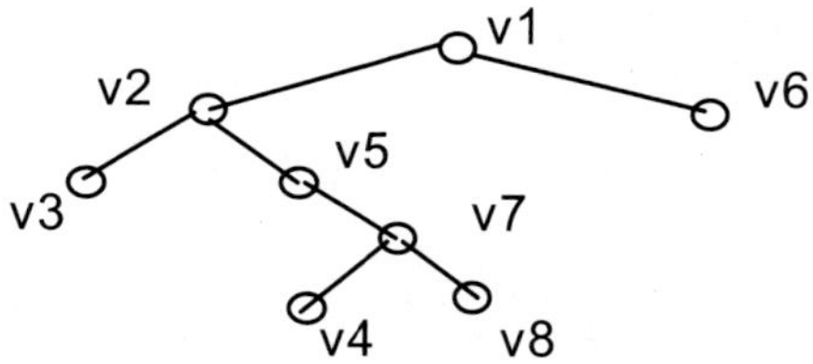

Figura 4.2: Árvore geradora T do grafo G cuja matriz de incidências é mostrada acima. Fonte: o autor.

Ao verificar se o grafo G é conexo ou não, por meio de uma busca em largura de G, o resultado da obtenção de uma árvore geradora por meio de uma busca em largura é mostrado na Figura 4.3, a seguir.

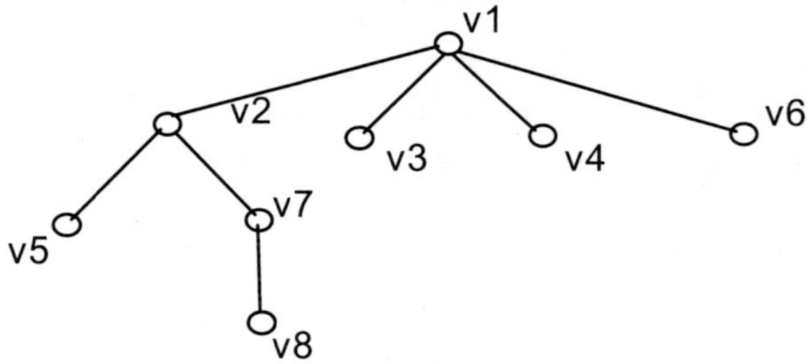

Figura 4.3: Árvore de busca em profundidade para o grafo G cuja matriz de incidências é mostrada acima. Fonte: o autor.

O tempo computacional necessário para se fazer uma busca em profundidade em um grafo é proporcional ao número de arestas do grafo, pois cada aresta, na árvore geradora, é atravessada 2 (duas) vezes e as arestas que não podem ser usadas pela busca são tentadas apenas 2 (duas) vezes).

Se um grafo não direcionado não é conexo podemos, então, encontrar suas componentes conexas (partes conexas) aplicando uma busca em profundidade (ou em largura) a qualquer vértice para encontrar uma componente.

E então, a partir daí, aplicar essa busca, começando por um vértice não pertencente à árvore anterior para vir a encontrar uma outra componente conexa. E continuar na busca de encontrar outras componentes conexas adicionais até que todos os vértices tenham sido utilizados.

Se um grafo G é direcionado o termo "conexo" normalmente refere-se à conectividade do grafo quando os sentidos impostos às arestas são ignorados (ou seja, todas as arestas são entendidas como não direcionadas).

Um tipo direcionado de conectividade é uma ***conectividade forte.***

Um grafo direcionado é dito ***fortemente conexo*** se existe um caminho direcionado de qualquer vértice ***u*** para qualquer vértice ***v*** (e, igualmente, o mesmo ocorre alterando a ordem dos vértices ***u*** e ***v***, de ***v*** para ***u***).

Um modo natural de testar se um grafo direcionado G é ***fortemente conexo*** é tentar construir árvores geradoras de G enraizadas em todos os vértices de G porque, assim fazendo, haverá um caminho do vértice ***u*** para todos os outros vértices em G se, e somente se, existir uma árvore geradora de G enraizada em ***u***.

Suponha que tenhamos construído uma árvore geradora para permitir a verificação de uma determinada estrutura para a busca em um grafo.

Testar a existência de uma determinada propriedade de um grafo ou contar o número de configurações especiais num grafo normalmente envolve um percurso do tipo em profundidade, em uma árvore geradora.

Entretanto, os vértices internos podem ser checados inúmeras vezes durante um percurso conforme seja o vértice escolhido.

4.4 Ponto de articulação e componentes biconexas

4.4.1 Definição

Em um grafo não direcionado conexo G, um ponto de articulação é qualquer vértice cuja remoção desconecte G. Se G não tem pontos de articulação, então G é dito ser um grafo biconexo.

4.4.2 Ponto de articulação e componentes bi-conexas em um grafo conexo

Há propriedades de grafos e estruturas em grafos, que precisam ser checadas somente dentro de componentes bi-conexas individuais.

Por exemplo, identificar se circuitos e subgrafos completos ocorrem ou não dentro de componentes biconexas.

Um resultado importante, que de certa forma caracteriza os grafos planares é o seguinte:

"Um grafo é planar se, e somente se, cada uma de suas componentes bi-conexas for planar".

Assim, encontrar pontos de articulação e quebrar um grafo em componentes bi-conexas são passos importantes para simplificar o trabalho de muitos algoritmos.

Mas, é claro, ressalte-se que tais simplificações não ocorrem se todo o grafo for bi-conexo.

Para tal, vamos analisar o comportamento do grafo mostrado na Figura 4.4 e as componentes biconexas deste grafo, mostradas na Figura 4.5, a seguir.

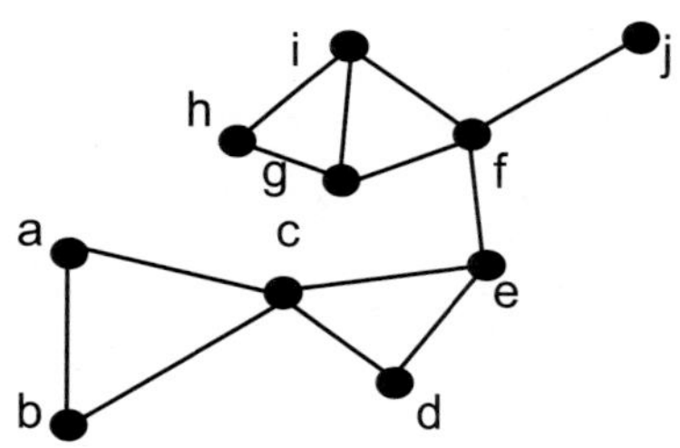

Figura 4.4: Grafo para a determinação de suas componentes biconexas. Fonte: o autor.

O grafo da Figura 4.4 tem os vértices c, e e f como pontos de articulação. Assim, a divisão das arestas de G em subgrafos biconexos, ou componentes biconexas, é mostrada na Figura 4.5, a seguir.

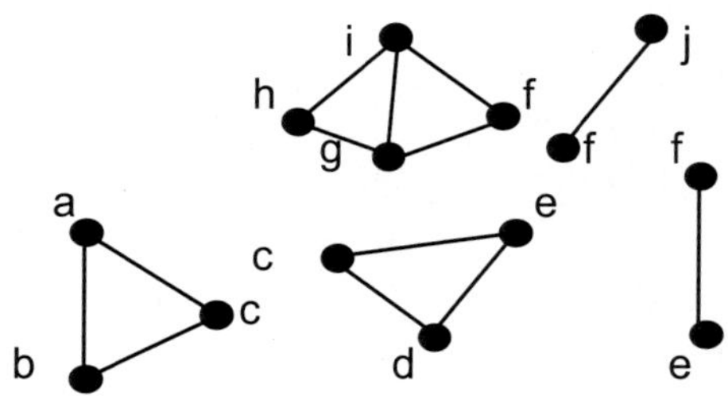

Figura 4.5: Componentes biconexas do grafo da Figura 4.4, acima. Fonte: o autor.

Antes que possamos apresentar um algoritmo para encontrar os pontos de articulação e, em consequência, as componentes biconexas num grafo conexo qualquer, há uma importante propriedade de busca em profundidade em árvores geradoras que precisa ser verificada, objeto do 4.4.3 Lema, a seguir.

4.4.3 Lema

Seja G um grafo não direcionado conexo, e sejam 2(dois) vértices ***u*** e ***v*** de G. Se a aresta (***u, v***) em G não está na árvore geradora de profundidade T, então ***u*** é um ancestral ou um descendente de ***v*** em T.

Prova:

Considere que os vértices ***u*** e ***v*** não têm parentesco na árvore geradora de profundidade T, como mostrado na Figura 4.7, a seguir:

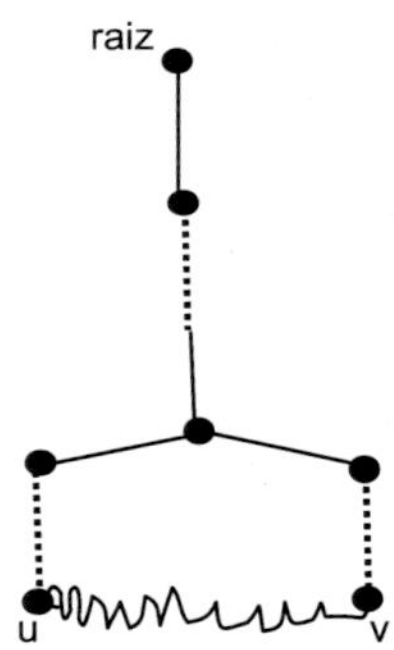

Figura 4.7: Indicação do desenrolar da demonstração do 4.4.3 Lema. Fonte: o autor.

Por simetria, deixando que o vértice u preceda o vértice v em um percurso pré-ordem de T, isto é, em uma busca em profundidade em G para construir T o vértice u foi encontrado antes do vértice v.

Logo, a busca em profundidade teria ído do vértice u para o vértice v, incorporando a aresta (u, v) na árvore T. Mas, isso é uma contradição.

Então, u é um ancestral ou um descendente de v em T.■

CAPÍTULO 5
ALGORITMOS GULOSOS

5.1 Motivação

O que é um algoritmo?

De modo informal, um algoritmo é um procedimento computacional bem definido que toma como parâmetro de entrada um valor (ou um conjunto de valores) e que produz como saída um valor (ou um conjunto de valores). Ou seja, é uma sequência de passos computacionais que transformam um ***input*** (entrada) num ***output*** (saída).

Sob outro ponto de vista pode-se afirmar que um algoritmo é uma ferramenta matemático-computacional que permite resolver um problema computacional específico. E, por conta disso, se diz que o algoritmo descreve o processo computacional que permite resolver esse problema.

5.2 O processo computacional de um algoritmo

Para compreender o processo computacional de um algoritmo, vamos analisar a seguinte situação:

"*Uma* empresa de telefonia deseja instalar uma rede interligada de assinantes entre si, e entre estes e centrais que serão instaladas em diferentes cidades de determinada região".

Para tal são conhecidas as distâncias entre as diferentes centrais e os custos para o lançamento de cabos aéreos entre uma central de uma cidade e outra, mas será preciso avaliar o custo total de instalação dessa rede.

Para resolver este problema, isto é, de modo a minimizar os custos de instalação dessa rede interligada sem que nenhuma cidade deixe de estar interligada às demais cidades da região, será preciso obter uma árvore geradora de custo mínimo que modele essa situação.

Ou seja: Será preciso modelar a situação por meio de um grafo, onde cada um de seus vértices represente uma central que esteja localizada em cada uma das diferentes cidades pertencentes à região abrangida na situação-problema e as suas arestas representem o trajeto mínimo dos cabos de interligação.

Convidamos, pois, o leitor, para refletir acerca da situação-problema que foi posta acima bem como a respeito de diversas outras situações semelhantes a esta e a outras situações-problema que sejam consideradas correlatas, como, por exemplo, a situação-problema que avalia a linha de produção de uma fábrica.

Por conta da extensão de dados (um grafo com muitos vértices e arestas), para cada uma das situações-problema mencionadas, a obtenção da (s) solução (ões) requer o encaminhamento da resolução por meio de um processo computacional via uso de um algoritmo de modo a obter uma árvore de custo mínimo a partir deste grafo.

5.3 Árvore Geradora de Peso (custo) Mínimo (ou máximo) (AGM)

De modo simplificado, resolver uma situação similar àquela que foi apresentada acima se resume em obter uma ***Árvore Geradora de Peso (custo) Mínimo (AGM)***, para um conhecido grafo G = (V, E). Por sua vez, este grafo precisa modelar a real situação das centrais e dos assinantes envolvidos.

Em um problema similar, poder-se-ia resolvê-lo por meio da obtenção de uma ***Árvore Geradora de Peso (custo) Máximo (AGM)***, para um conhecido grafo G = (V, E).

Na linguagem da Teoria dos Grafos, a obtenção de uma árvore geradora de custo mínimo (ou máximo) pode ser resolvida atendendo ao seguinte enunciado:

> "Dado um grafo G = (V, E), com uma função "peso" que associa valores reais w_j às arestas de E, deseja-se encontrar uma árvore T = (V, E_1) onde E_1 é um subconjunto de E, de tal modo que o somatório dos pesos das arestas em E_1 seja mínima (ou máxima)".

É possível afirmar que há uma solução geral para este tipo de problema: "a obtenção da árvore geradora de custo mínimo (ou máximo) em um grafo G", conforme será visto, em prosseguimento.

Tal solução geral serve de base para compreender a estrutura de 2 (dois) algoritmos, bastante conhecidos na Teoria dos Grafos. Ambos os algoritmos, é claro, têm o propósito de obter árvores geradoras de peso mínimo.

Tais algoritmos são conhecidos como: Algoritmo de Kruskal e Algoritmo de Prim-Dijkstra (ou, simplesmente, Algoritmo de Prim).

5.4 O Algoritmo geral para árvores geradoras de peso mínimo

O algoritmo geral para Árvores Geradoras de Peso Mínimo é apresentado a seguir:

ALG.GERAL-AGM(G, w)
1 A := ∅
2 **while** A não forma uma árvore geradora de peso mínimo
3 **do** encontre uma aresta {u, v} que é firme para A
4 A := A ∪ {{u, v}}
5 **return** A

O algoritmo ALG.GERAL-AGM, descrito acima, mantém um conjunto de arestas A e o seguinte invariante: A cada iteração, o conjunto A é um subconjunto do conjunto de arestas de uma árvore geradora de peso mínimo.

O algoritmo mantém este invariante e, a cada iteração, adiciona ao conjunto *A* uma aresta {u, v} de modo que *A* ∪ {{u, v}} seja um subconjunto de uma árvore geradora de peso mínimo.

Cada iteração - como a união da nova aresta {u, v} ao conjunto A - mantém a particular propriedade de o novo conjunto de arestas *A* permanecer ainda como um subconjunto de arestas de uma árvore geradora de peso mínimo. Neste caso, a aresta {u, v} é dita ser uma **aresta firme**.

5.5 Arestas de peso leve e corte de peso leve

Apresentamos, a seguir, 2 (dois) conceitos relacionados à obtenção de árvores geradoras de peso mínimo em um grafo G: **arestas de peso leve** e **corte de peso leve**:

5.5.1 Definição

Um corte em um grafo não direcionado G = (V, E) é uma partição do conjunto de vértices V em 2 (dois) conjuntos: S e V - S. O corte é representado por [S, V - S].

5.5.2 Definição

Em um grafo não direcionado G = (V, E), uma aresta {u, v} pertencente a E cruza o corte [S, V - S] se os vértices terminais dessa aresta estão, respectivamente, um deles em S e o outro em V - S.

5.5.3 Definição

Em um grafo não direcionado G = (V, E), diz-se que um corte [S, V - S] respeita um conjunto A de arestas quando qualquer aresta de A não cruza o corte.

5.5.4 Definição

Em um grafo não direcionado G = (V, E), uma aresta que cruza um corte é dita ser uma ***aresta de peso leve*** se seu peso for o menor dentre todos os pesos das arestas que cruzam o mesmo corte.

Podem existir diferentes ***arestas de peso leve*** em um dado corte quando estas têm pesos iguais ao peso mínimo. Assim, não há, necessariamente, uma única ***aresta de peso leve*** em um dado corte.

5.5.5 Teorema

Seja G = (V, E) um grafo conexo e não orientado, com uma função "peso" que associa valores reais w às arestas em E. Seja A um subconjunto de E cujas arestas pertencem à alguma árvore geradora de peso mínimo de G.

Seja [S, V - S] qualquer corte de G que respeita A e seja {u, v} uma aresta de peso leve cruzando o corte [S, V - S].

Então, a aresta {u, v} é uma aresta firme para A.

Prova:

Seja *T* uma árvore geradora de peso mínimo em G = (V, E) e tal que T contém *A,* um subconjunto de E cujas arestas pertencem a T.

Vamos assumir que *T* não contém a aresta de peso leve {u, v} pois, caso T contenha tal aresta {u, v}, é imediato que a aresta {u, v} é uma aresta firme para *A*.

A ideia da prova é construir uma nova árvore T_1 que contenha a união de *A* com {{u, v}}. Para isso, será usada a técnica de cortar e colar, como será visto em seguida.

Note que se *T* é uma árvore geradora de peso mínimo do grafo G = (V, E) que não contém a aresta {u, v}, então a aresta {u, v} determina um ciclo no caminho *p* de *u* a *v* na árvore *T*.

Um corte que respeite *A* e separe o vértice *u* do vértice *v* certamente é cruzado por outra aresta neste caminho uma vez que o vértice u está em um lado do corte e o vértice *v* está do outro lado. Assim, seja [*S, V - S*] um corte que respeite *A* e separa os vértices *u* e *v,* e considere {w, z} uma aresta pertencente ao caminho *p* que cruze o corte [*S, V - S*].

A aresta {w, z} não está em *A*, pois o corte [*S, V - S*] respeita *A*. Por outro lado a remoção da aresta {w, z} da árvore *T* quebra esta árvore em 2 (duas) componentes conexas, as quais podem ser unidas pela aresta {*u, v*} e formar uma nova árvore T_1. *Isto vale, porque* a aresta {w, z} fazia parte do ciclo formado pelo caminho *p* mais a aresta {*u, v*}.

Agora, resta-nos mostrar que T_1 é uma árvore geradora de peso mínimo.

É importante lembrar o enunciado deste Teorema de tal sorte que a aresta {*u, v*} é uma aresta de peso leve do corte [*S, V - S*], significando que se a aresta {w, z} também cruza o mesmo corte [*S, V - S*], então o peso da aresta {w, z} não pode ser menor que o peso da aresta {*u, v*}. Caso contrário, a aresta {*u, v*} não seria uma aresta de corte.

Assim, w (T_1) = w (T) - w ({w, z}) + w {u, v}) $\leq$ w (T).

Mas, w (T) $\leq$ w (T_1), pois T é uma árvore geradora de peso mínimo.

Então, w (T_1) $\leq$ w (T) e w (T) $\leq$ w (T_1).

Logo, w (T) = w (T_1).

Portanto, T_1 é uma árvore geradora de peso mínimo.

Note que a aresta {w, z} não pertence a A e que A $\subset$ T.

Assim, A $\subset$ T_1 e A $\cup$ {{w, z}} é um subconjunto de T_1, o que implica dizer que a aresta {w, z} é uma aresta firme para A. ■

É importante salientar que a prova do 5.5.5 Teorema, acima, permite encontrar uma maneira de como é possível encontrar uma aresta firme, conforme o "Passo 3" do ALG.GERAL-AGM, também apresentado anteriormente.

De fato, tanto o *Algoritmo de Kruskal* quanto o *Algoritmo de Prim-Dijkstra* mantêm um conjunto A de arestas e, direta ou indiretamente, os procedimentos têm por objetivo procurar por arestas de peso leve de um corte que respeite o conjunto A.

Por outro lado, os 2 (dois) algoritmos se baseiam no Corolário que será enunciado, e provado, a seguir.

5.5.6 Corolário

Seja G = (V, E) um grafo conexo e não direcionado com uma função "peso" que associa valores reais w às arestas em E.

Seja A um subconjunto de E contido em alguma árvore geradora de peso mínimo de G, e seja C = (V_C, E_C) uma componente conexa (uma árvore) na floresta G_A = (V, A).

Se {u, v} é uma aresta de peso leve que conecta C a alguma outra componente em G_A, então {u, v} é uma **aresta firme** para A.

Prova:

Para a prova do Corolário, basta notar que o corte [V_C, V - V_C] respeita *A* e a aresta {*u, v*} é uma aresta de peso leve para este corte. Assim, pelo 5.5.5 Teorema, a aresta {*u, v*} é uma aresta firme para *A*. ■

5.6 Os Algoritmos de Kruskal e de Prim-Dijkstra

Ambos os algoritmos, de Kruskal e de Prim-Dijkstra, seguem o esquema básico do algoritmo geral, que foi apresentado antes.

A diferença básica entre os 2 (dois) algoritmos está na forma como cada um escolhe uma aresta firme, conforme o "Passo 3" do esquema básico do algoritmo geral, que foi apresentado antes.

No Algoritmo de Kruskal, o conjunto *A* é uma floresta cujas componentes conexas vão se unindo a cada iteração.

Já no Algoritmo de Prim-Dijkstra, o conjunto *A* nunca deixa de ser uma árvore uma vez que a aresta firme incluída a cada passo une um vértice que está fora da árvore a um vértice que já pertence a ela.

5.6.1 O Algoritmo de Kruskal

O ***Algoritmo de Kruskal*** é um algoritmo da Teoria dos Grafos que busca uma árvore geradora de peso mínimo (ou peso máximo) para um grafo conexo G = (V, E), valorado em suas arestas.

Significa que este algoritmo determina um subconjunto das arestas em E que formam uma árvore contendo todos os vértices de V, e de tal modo que o peso total dessa árvore (dado pelo somatório dos pesos das arestas que compõem a árvore) é minimizado.

Se o grafo for desconexo o algoritmo encontra uma *floresta geradora mínima* (formada por árvores geradoras mínimas, obtidas em cada uma das componentes conexas do grafo).

Diz-se, portanto, que o *Algoritmo de Kruskal* é exemplo de um algoritmo guloso ou *greedy*.

Em linhas gerais, descrevemos o *Algoritmo de Kruskal,* como a seguir:

* crie uma floresta *F* (um conjunto de árvores), onde cada vértice do grafo pertence a uma e somente uma árvore separadamente;
* crie um conjunto *S* contendo todas as arestas do grafo, colocadas em ordem crescente monótona de seus pesos;

enquanto $S \neq \emptyset$, faça:

remova uma aresta com peso mínimo de *S;*

se essa aresta conecta 2 (duas) distintas árvores adicione-a à floresta, combinando 2 (duas) árvores em uma única árvore parcial cujo peso total é mínimo;

do contrário, descarte a aresta.

Se F foi concluída, Fim.

Ao fim do algoritmo a floresta tem apenas 1 (uma) componente conexa do grafo e, portanto, forma uma árvore geradora de custo mínimo do grafo.

Pode-se afirmar que, na verdade, durante a execução do *Algoritmo de Kruskal* a escolha de qualquer aresta de peso mínimo (ou máximo) para decidir sobre a sua inclusão ou não à árvore geradora, se está avaliando os seus vértices terminais e que procede-se de modo análogo à aplicação do *Algoritmo de Prim-Dijkstra*, como será visto a seguir.

Com a utilização de uma estrutura de dados aceitável se pode demonstrar que o *Algoritmo de Kruskal* é executado no tempo O(m.log n), onde m é o número de arestas e n é o número de vértices do grafo G = (V, E), $|V|$ = n e $|E|$ = m.

O *Algoritmo de Kruskal* começa com uma floresta de árvores, formadas por apenas 1 (um) vértice, e procura, a cada passo, uma aresta que conecte 2 (duas) árvores distintas da floresta, e que possua peso mínimo.

Suponha que em uma determinada iteração o algoritmo escolheu a aresta {u, v} para ser inserida no conjunto A, e que a aresta {u, v} conecte a árvore T_1 à árvore T_2.

Nesta iteração, dentre todas as arestas que conectam 2 (duas) componentes conexas distintas a aresta {u, v} é uma das arestas que possui o menor peso, pois foi escolhida desse modo.

Assim, nesta iteração, para qualquer corte que separe o vértice *u* do vértice *v* a aresta *{u, v}* é uma aresta de peso leve (simplesmente pelo fato de não haver outra aresta com peso menor separando 2 (duas) componentes, nesta iteração, ou porque, em havendo outras arestas de pesos iguais, optou-se pela escolha dela, utilizando-se como critério, por exemplo, a aresta que possui o vértice inicial como o vértice de menor rótulo).

Assim, a aresta *{u, v}* certamente é uma aresta de peso leve que conecta T_1 a uma outra componente conexa (neste caso, a T_2) da floresta determinada pelo conjunto de arestas A.

Ademais, pelo 5.5.6 Corolário, tem-se que a aresta *{u, v}*, é uma aresta firme para A.

A implementação do *Algoritmo de Kruskal*, segundo [Cormen, T.H. et all, 2009], utiliza a estrutura de dados de conjuntos disjuntos para testar se 2 (dois) vértices pertencem a uma mesma componente conexa ou não.

A princípio, o conjunto de arestas é ordenado em ordem crescente monótona de seus pesos (em caso de igualdade de pesos, coloca-se, primeiramente, na ordem, aquela que possui o vértice inicial da aresta de menor rótulo).

As arestas são tomadas, uma a uma, pela ordem segundo a qual foram alocadas conforme essa ordem, e o algoritmo executa uma chamada da função FIND-SET(u) para cada vértice adjacente a cada uma das arestas.

Se os vértices não pertencem a um mesmo conjunto (por exemplo, quando a aresta une vértices de componentes conexas distintas), a aresta é inserida em A e os conjuntos aos quais u e v pertencem são unidos com uma chamada do procedimento UNION.

A seguir, mostra-se uma versão do *Algoritmo de Kruskal*, em pseudocódigo:

KRUSKAL-AGM(G, w)
1 A := ∅
2 **for** cada vértice *v* em *V[G]*
3 **do** MAKE-SET(*v*)
4 Ordene as arestas de *E* em ordem crescente monótona de peso (*w*)
5 **for** cada aresta *{u, v}*, tomadas em ordem crescente monótona, de peso igual a (*w*)
6 **do if** FIND-SET(*u*) != FIND-SET(*v*)

```
        then A := A ∪ {(u, v)}
            UNION {u, v}
return A
```

5.6.2 O Algoritmo de Prim-Dijkstra

O ***Algoritmo de Prim-Dijkstra*** é um algoritmo da Teoria dos Grafos que busca uma árvore geradora de peso mínimo (ou peso máximo) para um grafo conexo G = (V, E), valorado em suas arestas.

Significa que este algoritmo determina um subconjunto das arestas em E que formam uma árvore contendo todos os vértices de V, e de tal modo que o peso total dessa árvore (dado pelo somatório dos pesos das arestas que compõem a árvore) é minimizado.

Se o grafo for desconexo, o algoritmo encontra uma *floresta geradora mínima* (formada por árvores geradoras mínimas, obtidas em cada uma das componentes conexas do grafo).

Diz-se, portanto, que o *Algoritmo de Prim-Dijkstra* é exemplo de um algoritmo guloso ou *greedy*.

Em linhas gerais, descrevemos o *Algoritmo de Prim-Dijkstra,* como a seguir:

- O subconjunto S forma uma única árvore, e a aresta firme adicionada a S é sempre uma aresta de peso mínimo, conectando a árvore a um vértice que não esteja na árvore.
- A árvore começa por um vértice qualquer, e vai se formando até que todos os vértices em *V* estejam presentes na árvore.
- A cada passo do algoritmo, 1 (uma) aresta de peso mínimo é adicionada à árvore S, conectando S a um vértice de G_S = (V, S).
- De acordo com o 5.5.5 Teorema, quando o algoritmo termina, as arestas em S formam uma árvore geradora de peso mínimo.

Com a utilização de uma estrutura de dados aceitável se pode demonstrar que a complexidade para o Algoritmo de Prim-Dijkstra é O ($|E|$log$|V|$), onde m é o número de arestas e n é o número de vértices do grafo G = (V, E), $|V|$ = n e $|E|$ = m.

Assim como o *Algoritmo de Kruskal*, o *Algoritmo de Prim-Dijkstra* também é um caso especial do algoritmo geral.

No caso do *Algoritmo de Prim-Dijkstra*, porém, ao invés de conectar árvores de uma floresta, o algoritmo mantém uma única árvore que "cresce" (vai sendo construída) a cada iteração, com a inserção de um vértice.

A seguir, mostra-se uma versão do *Algoritmo de Algoritmo de Prim-Dijkstra* em pseudocódigo:

```
PRIM-AGM(G, w, r)
1 for cada u em V[G]
2   do chave[u] := infinito
3      pai[u] := NIL
4 chave[r] := 0
5 Q := V[G]
6 while Q := ∅
7     do u := EXTRACT-MIN(Q)
8        for cada v em Adj[u]
4            do if v pertence a Q e w ({u, v}) < chave[v]
10                 then pai[v] := u
11                      chave[v] := w ({u,v})
```

Os parâmetros do procedimento PRIM-AGM(*G, w, r*) são os seguintes:

- Um grafo conexo G = (V, E), um vetor *w* de pesos associados às arestas de G, e um vértice *r* - que será a raiz da árvore espalhada.
- Ao final da linha 5, o algoritmo se encontra na seguinte situação: todos os vértices de G estão em uma fila de prioridade mínima Q e todos os vértices, à exceção do vértice raiz *r*, têm chave igual a infinito, enquanto *r* tem chave igual a 0.
- No loop das linhas 6-11, os vértices de G são retirados, um a um, por vez, da fila de prioridades.
- Espera-se que o leitor não tenha dificuldades para identificar que o primeiro vértice a sair é o vértice raiz *r*, uma vez que ele é o único elemento com uma chave menor que infinito, até a linha 5.

- Também, que toda vez que um vértice *v* sai da fila todos os seus vizinhos são visitados e, se a chave de um vizinho for maior que o peso da aresta que liga *v* a este vizinho, tanto a chave quanto o pai do vizinho são alterados: a chave passa a ser o peso da aresta que liga este vizinho a *v* e o pai passa a ser o próprio vértice *v*.
- Enquanto um vértice *v* está na fila o vértice *pai[v]* aponta para o vértice vizinho de *v* que já está na árvore geradora de peso mínimo, e que é ligado a *v* pela aresta de menor peso, entre todas as arestas que conectam *v* a um vértice que esteja, no momento, na árvore.
- O peso da aresta {*v*, *pai[v]*} é o valor de *chave[v]* e, em qualquer iteração do comando *while*, na linha 6, qualquer vértice *v* que esteja na fila Q com valor de *chave[v]* menor que infinito é vizinho de algum vértice da árvore geradora de peso mínimo pela aresta {v, *pai[v]*}.
- Quando um vértice *v* sai da fila, tanto ele quanto a aresta que o liga a seu pai passam a pertencer à árvore geradora de peso mínimo, e seu pai nunca mais será alterado.
- Ao final do algoritmo, o conjunto A, retornado pelo algoritmo geral, corresponde ao conjunto formado pelas arestas {*v*, *pai[v]*} de todos os vértices em G diferentes de *r*. O peso total da árvore é igual ao somatório dos valores da *chave[v]*.

5.6.3 Como o 5.5.5 Teorema, acima, se enquadra nos Algoritmos de Kruskal e de Prim-Dijkstra?

Anteriormente, mencionamos que a prova do 5.5.5 Teorema, acima, aponta para uma maneira de como é possível encontrar uma aresta firme, conforme o "Passo 3" do ALG.GERAL-AGM, também apresentado anteriormente.

No *Algoritmo de Prim-Dijkstra* é fácil identificar o corte e avaliar que a aresta escolhida é uma aresta de peso leve, pois a cada iteração os vértices que não estão na fila de prioridades são os vértices que formam o conjunto *S* do corte. Ademais, o corte [*S*, *V* - *S*] respeita A, uma vez que se v ∈ S, então *pai[v]* ∈ *S*.

Os vértices na fila de prioridades formam o conjunto *V - S* e, em especial, os vértices que têm o valor da chave diferente de infinito são os vértices adjacentes às arestas que cruzam o corte [*S, V - S*].

Portanto, a ação de extrair o mínimo da pilha é visivelmente tomar uma das arestas que cruzam o corte, e que possui menor peso. Ou seja, tomar uma aresta de peso leve do corte que, pelo 5.5.5 Teorema, é uma aresta firme.

Por outro lado, por meio do *Algoritmo de Kruskal*, consideramos não se constituir tarefa simples a ação de identificar o corte uma vez que o corte, geralmente, não é único.

Assim, quando uma aresta *{u, v}* é inserida em A por meio do Algoritmo de Kruskal ela é a aresta com peso menor dentre todas as arestas que unem 2 (duas) componentes conexas do grafo $G_A = (V, A)$.

Assim, acarreta afirmar que qualquer corte que respeite A e que separe o vértice *u* do vértice *v* tem na aresta *{u, v}* uma aresta de peso leve.

Para tornar a visualização do corte, facilitada, será preciso identificar um dos possíveis cortes. Para tal, tome *S* como sendo o conjunto de vértices pertencentes à componente conexa da qual o vértice *u* faz parte no grafo $G_A = (V, A)$.

Reconheça que este corte respeita A, pois a componente conexa a qual o vértice *u* faz parte é determinada por arestas de A.

Assim, a aresta *{u, v}* certamente é uma aresta que cruza o corte [*S, V – S*], e como a aresta *{u, v}* foi escolhida de tal maneira que o peso de *{u, v}* fosse o de menor peso dentre todas as arestas que uniam componentes conexas diferentes em $G_A = (V, A)$, então a aresta *{u, v}* só pode ser uma aresta de peso leve deste corte [*S, V – S*].

Assim, pelo 5.5.5. Teorema, a aresta {u, v} é uma aresta firme.

Tomando S como sendo o conjunto de vértices pertencentes à componente conexa a qual o vértice v faz parte, é possível verificar que também chegaríamos à conclusão de que a aresta {u, v} é uma aresta segura.

CAPÍTULO 6
PROBLEMAS NP-COMPLETOS

6.1 Preliminares

Um algoritmo é dito eficiente, precisamente quando a sua complexidade for uma função polinomial nos tamanhos dos dados de sua entrada, o mesmo valendo para um algoritmo dito exponencial.

Considere a coleção de todos os algoritmos que resolvem um certo problema P. Será que nessa coleção existe algum algoritmo que seja eficiente, isto é, um algoritmo em que a sua complexidade é polinomial?

Ora, se existir tal algoritmo que resolva tal problema P, este problema será denominado um problema *tratável*. Caso contrário, será denominado de *intratável*. Assim, a ideia que norteia estas denominações é a de que um problema que é tratável pode ser resolvido para entradas e saídas de tamanho razoável, por meio de algum processo automático.

Enquanto isso, no que refere a algum problema intratável, um algoritmo de complexidade não polinomial poderia, em certos casos, levar muitos anos para que ele pudesse fazer o cômputo de seus dados de entrada e de saída de tamanhos relativamente reduzidos.

Para se verificar se um problema P é intratável há necessidade de provar que todo possível algoritmo que o resolva não tem complexidade polinomial.

De um modo geral, um problema algorítmico pode ser caracterizado por um conjunto contendo todos os seus possíveis dados, denominado conjunto de dados e por uma questão que lhe seja solicitada, a qual é denominada de função objetivo do problema.

Assim, resolver um problema P consiste em desenvolver um algoritmo cuja entrada são dados específicos do problema, e retirados desse conjunto, e a sua saída denominada de *solução* para o problema, ou seja, uma resposta à função objetivo do problema.

Diz-se que os dados específicos que constituem uma entrada do problema fornecem uma *instância do problema*. Ou seja, um problema possui tantas instâncias diferentes quantas sejam as variações possíveis de seus dados.

Por exemplo:

Dados: Um grafo G e um inteiro k>0.

Objetivo: Elaborar um algoritmo que encontre uma clique em G, isto é, um subgrafo completo de G com k vértices, de tamanho igual a k, se tal existir.

Conjunto de dados: conjunto de todos os pontos (G, k), onde G é grafo arbitrário e k é um inteiro positivo arbitrário.

Um par específico (G, k) é uma instância do problema.

Portanto, um subgrafo completo de G com k ou mais vértices, se existir, é uma solução do problema.

Podemos dividir os problemas algorítmicos nas seguintes classes:

- *Problemas de Decisão*: Existe estrutura S que satisfaça propriedades P? Objetivo: decidir acerca da resposta Sim ou Não.
- *Problemas de Localização*: Encontrar estrutura S que satisfaça propriedades S? Objetivo: localizar uma certa estrutura S que satisfaça um conjunto de propriedades dadas.
- *Problemas de Otimização*: Encontrar estrutura S que satisfaça critérios de otimização. Objetivo: se as propriedades a que S deve satisfazer envolverem critérios de otimização.

As várias situações particulares do PQA conferem significativa complexidade aos problemas e, por conta disso, *Heurísticas Construtivas* têm sido bastante utilizadas por pesquisadores para resolvê-los mas elas não têm apresentado resultados produtivos, razão porque o uso de *metaheurísticas da natureza*, com o uso do método *simulated annealing*, têm sido mais fortemente utilizados agora, e com resultados mais satisfatórios.

Um método de solução exata do problema é sugerido por meio do estabelecimento de limites inferior e superior para os valores de suas soluções de modo que se pode obter uma solução próxima do ótimo, vez que esses limites permitem estabelecer distâncias as quais o algoritmo encontra-se da solução ótima.

Daí porque, é necessário lançar mão de algoritmos heurísticos para determinar as soluções viáveis e a solução ótima. Porém há a dificuldade de garantir a existência da solução ótima.

Pesquisadores têm se debruçado sobre o estudo exaustivo de procurar algoritmos eficientes para a solução de Problemas Quadráticos de Alocação, em diferentes aplicações.

O problema é que já se sabe que para instâncias superiores a 30 há enormes dificuldades em resolver tais problemas. Na verdade, problemas de instâncias dessa ordem são considerados intratáveis.

Entretanto, grandes avanços na procura da solução do PQA em algoritmos e plataformas computacionais têm permitido obter soluções em maiores instâncias possíveis.

De forma a atacar o problema de obtenção da solução de um PQA, tem-se procurado o recurso de modelar o problema através de um grafo e procurar uma formulação linear, na forma relaxada do problema.

Por este caminho, um fato importante é que a viabilidade entre as soluções de um PQA e de sua respectiva relaxação linear independe da instância. Ademais, já se sabe que já há meios de se verificar se uma dada solução, obtida pelas arestas do grafo, é ou não viável, ou seja, se essa solução corresponde a uma permutação de vértices.

Assim, é possível obter-se uma ordenação parcial máxima para as soluções do PAL relaxado, independentemente da instância do problema, e portanto essas soluções podem ser comparáveis.

Problemas quadráticos de alocação constituem uma área muito interessante, não só pelas vastas aplicações já citadas como também pelo grande desafio no tratamento dos problemas, o que vem a ratificar a importância desta linha de pesquisa.

São inegáveis os avanços tecnológicos nas últimas décadas, os quais permitiram fossem obtidos grandes saltos nas pesquisas - principalmente no que diz respeito à compilação de algoritmos -, mas apesar de todos os esforços os problemas de alocação quadrática com instâncias superiores a 30 ainda são intratáveis. Ademais, também ainda não se sabe se um dia eles poderão ser tratados em tempo polinomial.

6.2 Métodos Heurísticos

A complexidade na resolução de problemas de alocação vem justamente da resolução de problemas para valores de n maiores que 30. Fato é que, por enquanto já se sabe que problemas destes tipos não serão resolvidos otimamente.

Tudo o que se sabe de resultados pesquisas aponta-nos que por meio de algoritmos heurísticos se chega a soluções viáveis embora não se tenha certeza acerca de que tais soluções viáveis seja uma solução ótima, uma vez que os métodos exatos que se tem para se resolver um problema combinatório apresentam um *tempo explosivo*.

Os métodos heurísticos calculam limites e estes limites servem como balizadores da qualidade da solução obtida. Assim, quanto mais próxima a solução estiver do limite, melhor a qualidade da solução. Portanto, a qualidade deste limite é essencial para se obter boas soluções.

Vários algoritmos que são propostos para resolver o PQA com exatidão usam algum esquema de enumeração. LI_{kj}

O cálculo do limite inferior LI_{kj}se baseia na ideia que foi proposta por Gilmore (1962) e por Lawer (1963), a qual disponha os fluxos em ordem não crescente e as distâncias em ordem crescente. Os referidos autores estabelecem que o LI_{kj}é determinado pelo produto escalar desses dois vetores, quando tomados de modo ordenado.

Assim, para um mesmo problema se pode calcular os limites inferiores fazendo-se algumas considerações, a depender de cada grafo.

Por outro lado, o fato de haver a disponibilidade de limites inferiores para o problema inicial ou para subproblemas onde algumas alocações já foram realizadas, pode evitar a enumeração explícita de muitas soluções, e então, se pode reduzir o esforço computacional do processo de modo considerável.

CAPÍTULO 7
O PROBLEMA DO CAIXEIRO VIAJANTE E O PROBLEMA DO CARTEIRO CHINÊS

7.1 Considerações preliminares

O famoso Problema do Caixeiro Viajante (PCV) é um dos problemas de roteamento mais conhecidos. Ao mesmo tempo que ele é um dos problemas mais simples de ser enunciado e entendido, não é tão simples de ser resolvido.

Tal problema pertence à classe de problemas NP-hard. Ou seja, ele pertence à classe dos problemas considerados difíceis, no sentido de não existir um algoritmo em tempo polinomial capaz de permitir a obtenção de sua solução ótima.

Eis a descrição deste problema, de modo geral:

"Há um número finito de cidades que devem ser visitadas - todas elas uma única vez cada - por um vendedor (caixeiro viajante), e ao final ele deve retornar à cidade de onde partiu. Mas, a rota (tour) deve ser construída de forma que o custo total seja minimizado". Tal custo é, normalmente, associado à distância a ser percorrida.

Frequentemente este problema tem se constituído no ponto de partida de diversos pesquisadores que têm o propósito de iniciar testes de novas ideias, questionamentos e conjecturas relativamente a uma situação correlata, ou situações próximas da ideia central que norteia o problema e a sua solução, antes de se lançarem para outras questões mais complexas ou no intuito de estudarem formulações de modelos correlatos.

Assim, diz-se que este problema constitui-se no bálsamo para pesquisas de outros problemas - notadamente quando a ideia central se aproxima da que está presente em tal problema. Portanto, o Problema do Caixeiro Viajante é um bom ponto de partida.

Por outro lado, como antecipado, muito embora fique claro o que se quer quando se tem o propósito de resolver o problema do caixeiro viajante, por conta da maneira simples como ele pode ser enunciado e o modo de descrevê-lo, não é uma tarefa simples (é um problema difícil) encontrar uma rota de custo mínimo (menor distância) que visite todas as cidades uma única vez e retorne à cidade do início da rota.

Por conta disso, e o fato de muito embora já terem sido dedicados anos de pesquisas à solução deste problema, mais e mais progressos continuam a ser realizados para minimizar o grau de dificuldade na solução deste problema.

Por vezes é preciso *"afrouxar condicionantes"* (em problemas particulares correlatos) para encontrar uma razoável solução, mas nem sempre é possível se fazer isso.

Como este problema é muito difícil e até hoje não se tem um procedimento que dê conta de resolvê-lo por meio do uso de um algoritmo em tempo polinomial, a sua resolução foi posta à prova para todos que queiram se debruçar em estudá-lo, e quem sabe, resolvê-lo.

Para tal, foi feito o oferecimento do prêmio de 1 (um) milhão de dólares a quem provar que NP = P (isto é, que as classes de problemas de resolução em tempo polinomial e não polinomial se identificam), ou então o mesmo prêmio é oferecido a quem apresentar uma prova que mostre que a igualdade NP = P não é verdadeira.

Este problema é parte de um conjunto de poucos problemas em que o prêmio de 1 (um) milhão de dólares é oferecido - para cada problema, pertencente ao conjunto -, com o propósito de se encontrar a solução para a situação, conforme apresentada acima.

Caso se prove que a igualdade NP = P é verdadeira, tal resultado irá implicar que o PCV (Problema do Caixeiro Viajante), por exemplo, passa a pertencer à classe dos problemas que podem ser resolvidos com a utilização de um algoritmo em tempo polinomial.

E, portanto, se for o caso de tal resultado ser verdadeiro, é esperada uma nova corrida científica a partir de então na busca de se encontrar o melhor algoritmo que forneça uma solução ótima para este problema.

O PCV é um problema de otimização combinatória, e é formulado como a minimização do valor de uma função **f** - chamada de função objetivo -, a qual, por sua vez, mede o custo total a ser minimizado pela rota encontrada.

Para melhorar a compreensão acerca do PCV, considere a situação e a explicação conforme a seguir:

Considere a situação de sequenciamento de ***n*** tarefas em uma única máquina. Um custo de operação é atribuído a cada vez que uma nova tarefa é agendada, mas esse custo de operação depende da tarefa que foi processada na máquina, imediatamente antes da tarefa em questão.

O objetivo é o de determinar a sequência de tarefas que minimiza a soma total dos custos de operação.

A este tipo de problema foi dado o clássico nome de "*Caixeiro Viajante*", onde cada tarefa pode ser entendida como uma "*cidade a ser visitada*" e as "*distâncias*" entre as cidades estão associadas aos "*custos de operação*".

Portanto, o "*Caixeiro Viajante*" deve visitar cada cidade uma única vez e a rota a ser construída deve permitir a visita a todas as cidades, de forma a minimizar o custo associado à distância a ser viajada.

7.2 Definições para o estabelecimento do Problema do Caixeiro Viajante

7.2.1 Definição

Diz-se que a desigualdade abaixo é a desigualdade triangular (DT) quando: Dada a matriz de distâncias C = (c_{ij}), onde c_{ij} é a distância entre a cidade i e a cidade j, se c_{ij} $\bar{c}_{ij}$ onde $\bar{c}_{ij} = c_{ii_1} + c_{i_1 i_2} + c_{i_2 i_3} + ... + c_{i_k j}$, então o elemento c_{ij} pode ser substituído por $\bar{c}_{ij}$ em C. Em outras palavras, o elemento c_{ij} da matriz C deve determinar a menor distância entre duas cidades. Tais elementos c_{ij} podem ser obtidos se utilizarmos um algoritmo de determinação do menor caminho entre as cidades.

7.2.2 Definição

Suponha que a matriz C de distâncias satisfaz à desigualdade triangular, segundo a 7.2.1 Definição. Uma solução do Problema do Caixeiro Viajante (PCV) constitui-se em um tour (rota) se, começando de uma cidade arbitrária i cada cidade é visitada exatamente uma vez antes de retornar à cidade i.

7.2.3 Definição

Uma solução do TSP constitui-se em um tour (rota) se, começando de uma cidade arbitrária i cada cidade é visitada exatamente uma vez antes de retornar a i (supõe-se que a matriz C de distâncias satisfaz à DT).

Um subtour (subrota) pode ser definido como um tour incluindo k cidades, onde k n. Assim, um subtour não é uma solução viável para o problema do caixeiro viajante.

7.2.4 Definição

Na forma geral do Problema do Caixeiro Viajante, são dados os seguintes elementos constituintes: um conjunto V finito de pontos (isto é, V é o conjunto de vértices de um grafo completo G = (V, E)); um custo C_{ij} de viagem entre cada par de vértices (i, j) é indicado por c_{ij}; a aresta que liga o vértice i ao vértice j é indicada por {i, j}. Um tour é um circuito que passa exatamente uma vez por cada ponto de V.

O problema do caixeiro viajante (PCV) é encontrar um tour de custo mínimo. Assim o PCV pode ser modelado como um problema de grafos, e formulado como:

Dado um grafo G conexo com n vértices e m arestas, deseja-se, se possível, determinar um circuito hamiltoniano em G com custo mínimo, ou seja: deseja-se minimizar o custo de um circuito hamiltoniano C em G dado por Min Z = c (C), onde c(C) = $\sum_{j=1}^{n} C(\{e_j\})$, onde $\{e_j\}$ indica a aresta do circuito hamiltoniano e $C(\{e_j\})$ é o custo de cada aresta desse circuito.

O PCV pode ser formulado, matematicamente, como:

Uma rota incluindo n cidades consiste de n arcos direcionados (um arco representa o sentido do percurso ligando duas cidades consecutivas).

Esses arcos serão designados de acordo com a ordem na rota tal que ao k-arco direcionado é associado o k-ésima comprimento do itinerário.

Defina:

1, se o k-ésimo arco direcionado vai da cidade i para a cidade j;

$x_{i\,j\,k} = 0$, caso contrário.

0, caso contrário.

As restrições do problema podem ser classificadas em 4 tipos, a saber:

Somente uma cidade pode ser alcançada a partir de uma determinada cidade i, isto é: $\sum_{j} \sum_{k} x_{ijk} = 1, i = 1,2,.....,n$

Somente uma rota pode ser associada a um determinado k, isto é:

$\sum_{i} \sum_{j} x_{ijk} = 1, k = 1,2,.....,n$

Somente uma outra cidade pode iniciar um arco a partir de uma determinada cidade j, isto é: $\sum_{i} \sum_{k} x_{ijk} = 1, j = 1,2,.....,n$

Dado que o k-ésimo arco direcionado termina numa determinada cidade j, o (k+1)-ésimo arco deve começar na mesma cidade j. Isto assegura que a viagem consiste de segmentos "conexos", isto é:

$$\sum_{\substack{i \\ i \neq j}} x_{ijk} = \sum_{\substack{r \\ r \neq j}} x_{jr(k+1)} \text{ , para todo j e k.}$$

A função objetivo **f** é, então, dada por: Min z = $\sum_{i} \sum_{j} \sum_{k} d_{ij}\, x_{ijk}$, $i \neq j$, onde d_{ij} é a distância mínima (sentido único) da cidade i para a cidade j.

A viabilidade da resolução de problemas de tamanho prático, usando a formulação acima é, portanto, altamente questionável.

A estrutura especial do problema pode ser explorada para desenvolver um algoritmo especializado eficiente.

Ou seja, podemos observar que se as restrições (4) são temporariamente ignoradas o problema pode ser reduzido para um problema de alocação bidimensional simples. Esta é a base para o desenvolvimento de um novo algoritmo, mas previsões especiais devem ser feitas para assegurar que a solução obtida constitui uma rota (de itinerário conexo).

Johnson & McGeoch (1997) apresentaram uma recente revisão sobre os métodos de busca local aplicados ao problema.

Até para situações particulares do PCV, tal como: dado um grafo G com **m** arestas, cujo custo de cada aresta de G seja tal que C (e_j) ∈ $\{1,2\}$, para todas as arestas e_j, não se conhece algoritmos polinomiais que encontrem a solução ótima para o PCV, conforme Garey e Johnson (1978).

Há, porém, algumas variações para o problema e também em algumas particulares situações já é possível encontrar soluções muito boas, desde que se façam restrições ao conjunto de entradas, utilizando propriedades que facilitam a obtenção de uma solução de forma bastante eficiente.

O PCV é um dos mais famosos problemas de otimização combinatória graças à conexão com muitos problemas de otimização, à facilidade de sua modelagem enquanto um problema de otimização, e ao fato de ser considerado um problema NP-hard, conforme provado por Held e Karp (1970-1971) e Garey e Johnson (1976).

Isso justifica o uso de heurísticas para sua solução, principalmente para problemas de larga escala.

Vamos apresentar algumas heurísticas já conhecidas, sem detalhar como se dá a implementação de cada uma delas por conta de fugir ao escopo deste trabalho. Para tal, faz-se necessário apresentar algumas pertinentes definições, como a seguir:

7.3 Variações de abordagem do PCV

Há algumas variações de abordagem do PCV. Dentre estas, destacamos:

- O PCV é dito **simétrico** se em um grafo G = (V, E), dados quaisquer dois vértices v_i e v_j, representando, respectivamente, as cidades C_i e C_j, a distância entre a cidade C_i e a cidade C_j é igual à distância entre as cidadesC_j e C_i. Em caso contrário, se diz que o PCV é **assimétrico**.
- O PCV é dito **completo** se existe um caminho direto entre todos os vértices do grafo. Caso contrário, diz-se que o PVC é **não completo.**
- O PCV, restrito ao conjunto de instâncias onde G é um grafo completo e os pesos de cada uma de suas arestas satisfazem à desigualdade triangular, é conhecido como o PCV **métrico**.
- O PCV é dito **euclideano (ou geométrico)** se o peso de cada uma das arestas do grafo é determinado pela *distância euclideana* entre os vértices extremos dessa aresta, considerando a existência de um sistema de eixos ortogonais necessário para conceber a definição de distância entre dois pontos como, por exemplo, d(u,v) = $\left[(x_i - x_j)^2 + (y_i - y_j)^2\right]^{\frac{1}{2}}$, onde u = (x_1 ,.....,x_n) e v = (y_1,.....,y_n). $[(x_i - x_j)^2]$
- O PCV é dito **retangular,** ou que satisfaz à métrica de Manhattan, se d(u,v) = $|x_i - x_j|$ + $|y_i - y_j|$, onde u = (x_1,.....,x_n) e v = (y_1,.....,y_n).
- Há, ainda, outras duas métricas que podem ser utilizadas para descrever o PCV, como:

(1) $\left[(x_i - x_j)^2 + (y_i - y_j)^2 + \frac{1}{2}(x_i - x_j).(x_i - x_j)\right]^{\frac{1}{2}}$, chamada **métrica afim**

Ou

(2) máx $\{|x_i - x_j|, |y_i - y_j|\}$, chamada **métrica de Chebyshev**.

Independentemente da variação de abordagem do PCV que venha a ser adotada, o PCV configura-se como um problema NP-hard.

A formulação acima introduz o PCV para determinar o ciclo mais curto para visitar n cidades sendo que cada cidade é visitada uma vez. Uma afirmação básica para esta formulação é que a matriz das distâncias C = (c_{ij}), satisfaz à conhecida desigualdade triangular.

7.4 Métodos de resolução para o PCV

Segundo Burkard (1983), os métodos ótimos de resolução para a resolução do PCV largamente conhecidos são os do tipo *Enumeração Implícita*, tais como os seguintes algoritmos: *Branch and Bound* (MB&B), *Plano de Corte* (MPC) e *Programação Dinâmica*.

Na literatura científica há inúmeros outros métodos/técnicas de resolução para o PCV, uma vez que os métodos enumerativos nem sempre são eficazes no sentido de que sua eficiência implica em uma enorme utilização de tempo computacional, o que compromete, por vezes, o objetivo a ser alcançado.

Fato é que, via de regra, um PCV é modelado segundo um problema prático, o qual precisa de uma boa e eficiente solução.

Entretanto, problemas relativamente grandes podem, agora, ser resolvidos por meio de métodos de otimização combinatória.

Por exemplo, um PCV com 7397 vértices foi resolvido em agosto de 1994, segundo Applegate, Chvátal, Cook (1995), considerado o PCV com o maior número de vértices que foi resolvido, até o momento. As coordenadas dos vértices para outras instâncias desse problema encontram-se na biblioteca de problemas de teste "PCVLIB", descrita em Reinelt (1991).

Desse modo, os métodos heurísticos e meta-heurísticos ganham destaque na corrida para a obtenção da solução do PCV.

Tais métodos podem ser classificados em dois tipos:

- *Construtivos*: métodos que constroem uma solução viável para o problema partindo de uma solução não muito boa, dita trivial, e sobre ela são aplicadas diferentes técnicas, de modo a melhorar a qualidade da solução a ser obtida;
- *Melhoramento*: métodos que se baseiam na busca da melhoria da qualidade das soluções a partir de modificações feitas sobre as soluções viáveis que já tenham sido encontradas antes.

7.5 Uma formulação baseada no Modelo de Alocação

O conhecido Modelo de Alocação (PAL) pode ser adaptado para gerar uma formulação particularmente atraente do PCV. Essa formulação é base tanto para o (MPC), quanto para o (MB&B).

Eis a formulação:

Seja $x_{ij} = 1$, se o caixeiro viajar diretamente da cidade i até a cidade j, e $x_{ij} = 0$ em caso contrário. Uma condição necessária para que tenhamos um tour é que a cidade i se conecte a apenas uma cidade e que se chegue à cidade j partindo de exatamente uma cidade. Isso gera a seguinte formulação:

$$\text{Min } Z = \sum_{i=1}^{n} \sum_{j=1}^{n} c_{ij} x_{ij}, \text{ onde } c_{ij} = \infty \text{ para } i = j.$$

s.a

$$\sum_{j=1}^{n} x_{ij} = 1, \quad i = 1,2,\ldots\ldots,n$$

$$\sum_{i=1}^{n} x_{ij} = 1, \quad j = 1,2,\ldots\ldots,n$$

$$x_{ij} = (0,1)$$

a solução é um tour(forma ciclo)

A condição $c_{ij} = \infty$ para i = j garante que $x_{ii} = 0$, como se desejaria que fosse numa condição de que o tour seja uma solução. Exceto pela exigência de que a solução seja um tour, a formulação é um modelo de alocação. Infelizmente, não há garantia de que a solução ótima do modelo de alocação seja um tour. Mas, provavelmente, tal solução consistirá de subtours.

A formulação acima introduz o PCV para determinar o ciclo mais curto para visitar n cidades sendo que cada cidade é visitada uma vez. Uma afirmação básica para esta formulação é que a matriz das distâncias $C = (c_{ij})$, satisfaz a conhecida desigualdade triangular.

Em prosseguimento, vamos enumerar algoritmos que funcionam muito bem empiricamente, mas no tocante à qualidade de suas soluções ainda não é possível oferecerem boas garantias.

7.6 Algoritmos Branch & Bound (B&B) para o PCV

Os três métodos que serão apresentados a seguir são baseados na formulação do modelo de alocação do PCV. De fato, o problema em cada vértice (do algoritmo B&B) é essencialmente um modelo de alocação que modifica o *problema de alocação n x n original*, de forma que os subtours sejam eliminados.

7.6.1 Algoritmo de Eliminação de Subtours

Esse algoritmo é baseado no princípio geral de B&B. Os únicos detalhes exigidos para completar o algoritmo são:

Determinação dos limites superior e inferior em relação ao ótimo da função objetivo do PCV, isto é, dado que z* é o valor ótimo da função objetivo associado a um tour então $\underline{z}$ e $\bar{z}$ são determinados, tais que $\underline{z} \leq z^* \leq \bar{z}$, e

Especificar o procedimento exato para a ramificação em cada vértice.

Inicialmente, seja $\bar{z} = \infty$. Entretanto, se o tour (viável) (1,2,....,n-1) tem $c_{12} + c_{23} + ...+ c_{n1}$ ∞ , então $\bar{z}$ pode ser complementado até ficar igual a esta quantidade. O valor inicial de $\underline{z}$ é determinado resolvendo-se o problema de alocação associado ao PCV (original). Se z^0 é o valor ótimo do problema de alocação, então $\underline{z} = z^0$ é um legítimo limite inferior inicial.

Naturalmente, se a solução associada a z^0 é um tour, terminam os cálculos. Do contrário, a solução dada consiste de pelo menos dois subtours.

Selecione o subtour com menor número de cidades. Faça com que tal subtour inclua as cidades $i_1, i_2, ..., e\ i_k$. Então $x_{i_1 i_2} = x_{i_2 i_3} = ... = x_{i_k i_1} = 1$. A ramificação é determinada de forma que os problemas de alocação associados com os vértices subsequentes originários do vértice corrente eliminarão este subtour. Isso pode ser efetuado escolhendo uma das variáveis $x_{i_1 i_2}, ..., x_{i_k i_1}$ igual a zero, o que gera k ramificações ou subproblemas.

Para cada subproblema continuar sendo um problema de alocação a condição $x_{ij} = 0$ pode ser implementada, fazendo $c_{ij} = \infty$ na matriz C no vértice imediatamente anterior.

7.6.2 - Algoritmo de Construção de um Tour

No algoritmo de eliminação de subtour, um modelo de alocação é resolvido para cada vértice. Isso representa um custo muito grande para um ponto de vista computacional. Nesse algoritmo, uma nova regra de ramificação é pesquisada, e que não depende de resolver o modelo de alocação para cada vértice. Um limite inferior do valor ótimo z* do PCV é estimado, usando a seguinte observação simples: Seja $p_i = \min_j c_{ij}$ e $q_j = \min_i c_{ij} - p_i$, isto é, p_i é a entrada mínima da i-ésima linha da matriz C, e q_j é a entrada mínima da coluna j da matriz C após os p_i´s serem subtraídos. Defina $c_{ij}' = c_{ij} - p_i - q_j$.

Pela própria construção do tour, temos que c_{ij}'deve ser não negativo para todos i e j. Assim, $z = \sum_i \sum_j c_{ij} x_{ij} = \sum_i c_{ij}' x_{ij} + \sum_i p_i + \sum_j q_j \geq \sum_i p_i + \sum_j q_j$

Isso significa que $z = \sum_i p_i + \sum_j q_j$ é um limite inferior próprio de z.

O processo de ramificação é baseado na ideia da construção de tours, isto é, sucessivamente atribuímos valor 1 para variáveis próprias x_{ij}. Isso deve ser feito garantindo-se que não haverá subtours criados nessa alocação.

7.7 Modelos Heurísticos para o PCV

Heurísticas são métodos que não garantem o fornecimento de soluções ótimas mas que, esperamos, possam produzir soluções razoavelmente boas pelo menos por uma boa parte do tempo.

Para o PCV, existem dois diferentes tipos de heurísticas: de construção e de melhoramento.

A heurística de construção tenta construir um "bom" tour desde o início (do zero).

A heurística de melhoramento tenta aperfeiçoar um tour existente, através de melhorias "locais".

Vamos descrever a heurística *do vizinho mais próximo,* utilizada para atacar o PCV. Para tal, assumimos que todas as instâncias consideradas serão completas, simétricas, e a desigualdade triangular se aplica.

É a mais intuitiva das heurísticas. Considere um grafo G com $|V| = n$ vértices, $|E| = m$ arestas, completo e simétrico. O algoritmo do Vizinho Mais Próximo (NNA) para o PCV, de modo a determinar um circuito hamiltoniano T de G é o seguinte: Comece em qualquer vértice; visite o vértice mais próximo ainda não visitado, e então retorne ao vértice inicial quando todos os outros vértices tiverem sido visitados.

7.8 Métodos de inserção para o PCV

Os Métodos de Inserção fornecem um conjunto de heurísticas de construção de tours. As referidas heurísticas começam unindo dois dos vértices em um tour e então vão somando os vértices restantes um a um de tal maneira que o custo do tour vai sendo aumentado em uma quantidade mínima.

Há algumas variações, as quais dependem de quais dos dois vértices são escolhidos para iniciar e qual vértice será escolhido para ser inserido, em cada etapa, algo muito importante.

Em prosseguimento, e brevemente, apresentamos essas variações:

7.8.1 Inserção do mais distante

Trata-se de iniciar com um tour passando por dois vértices que sejam pontas de alguma aresta de alto custo.

Para cada vértice v que seja não inserido computa-se o custo mínimo entre o vértice v e qualquer outro vértice que tenha sido construído até então. Em seguida, escolhe-se como o próximo vértice a ser inserido aquele para o qual o custo deste é máximo.

Na prática tal funciona muito bem, embora pareça à primeira hora ser algo que não seja intuitivo fazer-se pois tal ação, de modo rígido, provavelmente já ocorra muito cedo em relação ao tour final e nas etapas posteriores sejam feitas modificações necessárias.

7.8.2 Inserção mais próxima (conhecida como uma heurística gulosa)

O método de Inserção mais Próxima é uma heurística que escolhe como próximo vértice a ser inserido, aquele para o qual o custo para qualquer vértice do tour seja mínimo, a cada etapa.

De modo similar à heurística do vizinho mais próximo, a cada iteração tal heurística inclui uma nova aresta em relação às arestas anteriores que já pertencem ao circuito que está sendo construído.

7.8.3 Inserção mais barata (conhecida como o Método das Economias (savings))

Na heurística da *Inserção mais Barata*, o próximo vértice para inserção no tour é o que provoque o menor aumento no custo do tour.

Tal método, originalmente proposto por Clarke e Wright (1964) para o Problema do Roteamento de Veículos, foi posteriormente utilizado para o PCV por Golden, Bodin, Doyle e Stewart (1980).

O procedimento se inicia pela escolha arbitrária de um vértice base do grafo completo de modo a construir ciclos de tamanho 2 deste vértice, a cada um dos (n-1) vértices restantes.

A cada iteração, dois ciclos são combinados de modo a eliminar dois arcos e um arco de ligação é adicionado. Os ciclos ou subtours são escolhidos para o processo de combinação de forma a maximizar a distância economizada em relação à configuração anterior. O procedimento é repetido até que se obtenha um ciclo hamiltoniano.

7.8.4 Heurística de duplicação da árvore geradora mínima

Já vimos que uma árvore geradora de um grafo G é um subgrafo conexo de G que possui todos os vértices de G e que não possui circuitos. Ademais, uma árvore geradora mínima (AGM) é aquela em que o somatório dos custos de suas arestas é um custo mínimo.

Assim, uma (AGM) dá uma boa delimitação inferior para o valor ótimo do PCV métrico (PCVM).

Definimos C (S) como o custo de um dado subconjunto S formado por arestas de G. Se removermos uma aresta de um circuito hamiltoniano, tem-se uma árvore geradora de custo não superior ao do circuito. Portanto, ótimo (G, C) $\leq$ C(T).

A heurística de duplicação da AGM utiliza uma estratégia que se utiliza de 3 (três) passos, como a seguir:

1 Construir uma AGM T de G;

2 Duplicar as arestas de T, obtendo um multigrafo P;

3 Obter um circuito hamiltoniano, a partir de P.

7.8.5 Heurística de Christófides

O método de construção de tours atribuído a Christófides [1976] tem o melhor limite de pior caso, dentre os métodos conhecidos. Tal método sempre fornece uma solução de custo no máximo 1,5 vezes o ótimo (considerando que o grafo seja completo, os custos sejam não negativos e satisfaçam à desigualdade triangular).

O algoritmo começa a partir da obtenção de uma árvore geradora de custo mínimo T do grafo G usando, por exemplo, o algoritmo de Kruskal. Desse modo, as arestas em T serão usadas na busca de um tour ótimo.

Seja W o conjunto de vértices que têm grau ímpar em T. A partir de então, encontra-se um acoplamento perfeito M de G [W] - o subgrafo de G induzido por W tal que seja de custo mínimo, com respeito a C.

Seja J consistindo de E (T) U M, onde se tomam duas cópias da aresta se alguma aresta pertencer tanto a T como a M.

Então, J é o conjunto de arestas de um grafo conexo com conjunto de vértices V para o qual cada vértice tem grau par.

Se todos os vértices têm grau 2, então J é o conjunto de arestas de um tour e, assim, a busca fica concluída. Se não, seja v um vértice qualquer de grau no mínimo 4 em (V, J).

Nesse caso há arestas {u, v} e {v, w} tais que se estas arestas forem apagadas de J e se adicionarmos a aresta {u, w} a J, então o subgrafo permanecerá conexo. Mais ainda, o novo subgrafo terá grau par para cada vértice (tal ocorre porque o subgrafo induzido por J tem um tour Euleriano e escolhemos {u, v} e {v, w} para serem as arestas consecutivas do tour).

Após fazer este "atalho" o processo é repetido, até que todos os vértices sejam incidentes com duas arestas de J.

7.9 Métodos de melhoria de tour 2-otimal e 3-otimal

Há métodos padronizados para a melhoria de um tour T existente. Um dos métodos mais simples é o chamado 2-otimal, que funciona considerando cada par de arestas de T não adjacente por vez. Se tais arestas forem deletadas, então T se divide em dois caminhos T_1 e T_2.

Há uma só maneira de os dois caminhos serem religados para formar um novo tour T', a saber:

- Se c(T') < c(T), então substitui-se T por T' e o processo se repete. Este processo é conhecido com dupla troca (2-troca);
- Se c(T') $\geq$ c(T), para cada escolha de pares de arestas não adjacentes, então T é 2-otimal e o processo termina.

Para uma função de custo geral, de modo a verificar se um tour é 2-otimal será preciso fazer a checagem em $O(V^2)$ pares de arestas. Para cada par, o trabalho exigido para ver se a troca diminui o custo do tour pode ser computado em tempo constante. Assim, o tempo exigido para checar um tour quanto a 2-otimalidade é $O(V^2)$.

O algoritmo 3-otimal, proposto por Bock(1958), funciona quase da mesma maneira que o algoritmo 2-otimal.

A primeira diferença ocorre no movimento básico, onde três arestas são apagadas, quebrando o circuito em três caminhos.

Outra diferença está na reconexão destes caminhos, que pode ser feita de duas maneiras diferentes da qual os caminhos estavam conectados. Assim, realiza-se o movimento se uma das duas maneiras diferentes reduz o comprimento do circuito, mas se as duas maneiras reduzem o circuito então opta-se por reconectar os caminhos da maneira que implique na maior redução possível.

Além dos algoritmos 2-otimal e 3-otimal, temos o k-otimal, que é uma generalização dos anteriores, ou seja, que permite trocas de k arestas.

Assim, o algoritmo 2-otimal pode ser generalizado naturalmente para um algoritmo k-otimal, onde se consideram todos os subconjuntos de um conjunto de arestas de um tour de tamanho k ou de tamanho no máximo k, removendo cada subconjunto por vez, e então se verifica se os caminhos resultantes podem ser religados, de modo a formar um tour de custo menor.

O problema é que o número de subconjuntos cresce exponencialmente com k e rapidamente se chega a um ponto de retorno decrescente. Por essa razão, o algoritmo k-otimal, para $k>3$, raramente é usado.

7.10 Heurística Grasp

GRASP (Greedy Randomized Adaptive Search Procedures) é uma meta-heurística iterativa para problemas combinatórios, onde cada iteração consiste basicamente em duas fases: construção e busca local.

A fase de construção gera um circuito hamiltoniano, cuja vizinhança é investigada até que um mínimo local é encontrado durante a fase de busca local. A melhor solução, até o momento, é mantida como resultado.

A condição de parada do algoritmo fica a critério do programador, podendo inclusive ser um número máximo de iterações.

A fase de busca local geralmente melhora a solução construída. As soluções geradas pela construção gulosa randômica não são necessariamente ótimas, até mesmo no que diz respeito à vizinhança simples.

Um algoritmo de busca local funciona de modo iterativo trocando, sucessivamente, a solução corrente por uma solução melhor na sua vizinhança. Ele finaliza quando nenhuma solução melhor é encontrada.

A eficácia de um procedimento de busca local depende de muitos aspectos, tais como: a estrutura da vizinhança; a técnica de busca utilizada; a eficiência da função de avaliação dos vizinhos e o percurso de partida.

A fase de construção tem um papel importante em relação ao último aspecto, construindo um percurso de partida de boa qualidade.

Vizinhanças simples, como a 2-otimal, são geralmente usadas. A busca pode ser implementada usando a estratégia de melhor troca ou de primeira troca.

Na prática, já foi observado que as duas estratégias culminam, quase sempre, para a mesma solução final, mas em um tempo computacional menor quando a estratégia de primeira troca é utilizada.

7.11 Método de melhoria de tour Lin-Kernighan

Lin e Kernighan [1973] desenvolveram uma heurística que funciona extremamente bem, na prática.

Ela é basicamente um método k-otimal com duas características originais:

Primeiramente, o valor de k pode variar.

Em segundo lugar, quando uma melhoria é obtida, não é necessariamente usada de imediato. Ao invés disso, a busca continua com a esperança de encontrar uma melhoria ainda maior.

7.12 Considerações iniciais sobre o Problema do Carteiro Chinês

A nomeação de Problema do Carteiro Chinês se deve ao trabalho do Chinês Kwan Mei-Ko, em 1962, (Mei-Ko, 1962). Na verdade, não se trata de um problema mas de uma classe de problemas que têm origem nas aplicações de percursos eulerianos relacionados, inicialmente, com o serviço de entrega de correio, e depois, com a coleta de lixo domiciliar, por exemplo, ou seja, a classe de problemas que demandam atendimentos sequenciais, para um universo de usuários de um dado serviço.

Será preciso avaliar as condições de existência de percursos eulerianos em grafos quaisquer (na prática, examinar, inclusive, problemas que sejam modelados por grafos que não sejam eulerianos, também grafos orientados e grafos não orientados, e valorados em suas arestas).

Como solução ótima para o problema busca-se, inclusive, a obtenção de um percurso pré-euleriano (um itinerário único, com a possibilidade de repetição de um ou outro itinerário parcial).

7.13 O Problema do Carteiro Chinês em grafos conexos quaisquer

Um outro modo de solucionar o Problema do Carteiro Chinês em um grafo conexo G é o de determinar um multigrafo euleriano H, com uma quantidade mínima de arestas e de tal modo que H contém G como um subgrafo gerador.

Como fazer isso?

É que veremos em prosseguimento.

Se a cada aresta de G trocarmos por duas arestas paralelas, formando um multigrafo H, teremos: H é um multigrafo euleriano, vez que H é conexo e $d_H(v) = 2.d_G(v)$, para todo vértice v de V(G) (o grau de cada vértice de H é o dobro do grau de cada vértice correspondente de G).

Além do mais, G é um sub-grafo gerador de H. Assim, uma trilha fechada em H produz um passeio fechado em G, que contém todas as arestas de G.

Se um grafo conexo G possui m arestas, ele tem um passeio euleriano de comprimento maior do que ou igual a m e menor do que ou igual a 2m.

Mas, se G é euleriano com m arestas então o comprimento de uma trilha fechada euleriana de G é m.

Mas, por exemplo, se G é uma árvore com n vértices, o comprimento de um passeio euleriano fechado é 2(n-1).

Sabemos que se G não é euleriano, G contém um número par de vértices de grau ímpar, pois o somatório dos graus dos vértices de um grafo é par.

Seja $V_*(G) = \{u_1 , u_2 , ..., u_{2n}\}$, $n \geq 1$, o conjunto de vértices de grau ímpar de G.

Uma partição par de $V_*(G)$ é uma partição de $V_*(G)$ em n subconjuntos de tamanho 2 cada.

Para uma partição par π, dada por π = $\{\{u_{11}, u_{12}\}, \{u_{21}, u_{22}\}, ..., \{u_{n1}, u_{n2}\}\}$, definimos:

D (π) por $D(\pi) = \sum_{j=1}^{n} d(u_{j1}, u_{j2})$;

M (G) = min {D (π)}, onde o mínimo é obtido de todas as partições pares π de $V_*(G)$.

Se G é grafo euleriano temos que $V_*(G) = \emptyset$, e então definimos m (G) = 0.

Exemplo: Se um grafo G tem 4 vértices de grau ímpar u_1, u_2, u_3 e u_4, então $V_*(G)$ tem três partições pares (essa quantidade é obtida pelos Números de Stirling de segunda espécie S(4,2): número de maneiras de distribuir 4 vértices distintos dentre 2 conjuntos idênticos, com nenhum conjunto vazio), a saber:

$\pi_1 = \{\{u_1, u_2\}, \{u_3, u_4\}\}$;

$\pi_2 = \{\{u_1, u_3\}, \{u_2, u_4\}\}$;

$\pi_3 = \{\{u_1, u_4\}, \{u_2, u_3\}\}$.

O Teorema a seguir, descreve uma maneira para determinar o tamanho de um passeio euleriano de qualquer grafo conexo G e também permite obter um algoritmo que produz um passeio euleriano em um grafo conexo.

Teorema: Se G é um grafo conexo com m arestas, então um passeio euleriano de G tem comprimento m + m (G).

Uma vez que encontramos uma partição par $\pi_1 = \{\{u_{11}, u_{12}\}, \{u_{21}, u_{22}\}, ..., \{u_{n1}, u_{n2}\}\}$ de $V_*(G)$ para a qual m (G) = $D(\pi_1)$, então podemos determinar um caminho P_j de u_{j1} para u_{j2} de comprimento mínimo $d(u_{j1},u_{j2})$ em G, para j = 1,2,...,n.

Pela duplicação das arestas de G que estão no caminho P_j, para cada j = 1,2,...,n, obtemos um multigrafo euleriano H que tem G como seu sub-grafo gerador.

Uma trilha fechada euleriana de H pode então ser obtida por meio do uso do algoritmo de Fleury, o qual gera um passeio euleriano em G.

Muito embora tenhamos um modo de fornecer uma possível solução do Problema do Carteiro Chinês, via o Teorema acima, esta solução requer a determinação de todas as partições pares π de $V_*(G)$ e, a seguir, calcular todos os D(π) para todas as partições para, em seguida, calcular m (G).

Esse procedimento não é eficiente, vez que a determinação do número de partições pares de $V_*(G)$ é de complexidade $O(n^n)$, onde 2n é a quantidade de vértices de grau ímpar de G.

Mas, felizmente, já há uma maneira eficiente de determinar uma partição par π de $V_*(G)$ e tal que m (G) = D(π).

Vamos iniciar o algoritmo construindo um grafo completo, com pesos F $\cong K_{2n}$. Os vértices de F correspondem aos vértices de grau ímpar de G, e são rotulados com os mesmos índices. O peso de uma aresta de F é definido como a distância (ou o menor caminho) entre os correspondentes vértices em G.

O Algoritmo de Moore (BFS) ou o Algoritmo de Djikstra (onde se considera G como um grafo com pesos, onde o peso $\mu(e_j) = 1$, para toda aresta e_j de E (G)) podem ser utilizados para determinar as distâncias entre os pares de vértices de grau ímpar de G.

O próximo passo é determinar um emparelhamento perfeito de F cujo peso total é o mínimo possível. Um emparelhamento em um grafo G é um conjunto de arestas de G, duas a duas não adjacentes.

Um emparelhamento em G é dito um **emparelhamento perfeito de G** se cada vértice de G está presente em uma única aresta do emparelhamento.

Seja μ o maior peso dentre todos os pesos das arestas de G, e seja σ = μ + 1.

Seja F^* o grafo completo com 2n vértices, com pesos nas arestas, e obtido a partir do grafo F pela troca do peso $\mu(e_j)$ de cada aresta e_j de F pelo peso $\sigma - \mu(e_j)$ (ou seja, cada aresta de F^* tem seu peso determinado por $\sigma - \mu(e_j)$).

Edmonds (1965), desenvolveu um algoritmo eficiente para encontrar um emparelhamento de peso máximo em grafos valorados.

Vamos, então, aplicar esse algoritmo ao grafo F^* de modo a obter um emparelhamento perfeito de peso máximo $M = \{u_{11}u_{12}, u_{21}u_{22}, ..., u_{n1}u_{n2}\}$.

Então, M é um emparelhamento perfeito de peso mínimo em F e, assim, $\pi = \{\{u_{11}, u_{12}\}, \{u_{21}, u_{22}\}, ..., \{u_{n1}, u_{n2}\}\}$ é uma partição par de $V_*(G)$ para a qual m(G) = D(π).

Em seguida, determinamos o menor caminho P_j de u_{j1} a u_{j2}, para todo j = 1,2,...,n e duplicamos as arestas de G que fazem parte do caminho P_j.

Este método faz com que se produza um multigrafo euleriano H, com G sendo seu sub-grafo gerador.

Finalmente, devemos encontrar uma trilha fechada euleriana de H utilizando o Algoritmo de Fleury. Essa trilha fechada euleriana de H corresponde a um passeio euleriano de G.

A seguir apresentamos o detalhamento do algoritmo:

7.13.1 Algoritmo para grafos arbitrários

1. Seja $\{u_1, u_2, \ldots, u_{2n}\}$, $n \geq 1$, o conjunto de vértices de grau ímpar do grafo G. Execute o Algoritmo de Djikstra em (G, u_k), para algum k, $1 \leq k \leq 2n$. Obtenha, dessa forma, o caminho de comprimento mínimo entre cada par de vértices de grau ímpar de G;

2. Construa um grafo completo com pesos $F \cong K_{2n}$, tal que os seus vértices correspondam aos vértices de grau ímpar de G, e o peso de uma aresta de F é definido como a distância entre os vértices correspondentes em G;

3. Seja μ o maior peso das arestas de F, e seja $\sigma = \mu + 1$. Construa F^* o grafo completo com 2n vértices, com pesos nas arestas, e obtido a partir do grafo F pela troca do peso μ (e_j) de cada aresta e_j de F pelo peso $\sigma - \mu$ (e_j) (ou seja, cada aresta de F^* tem seu peso determinado por $\sigma - \mu$ (e_j));

4. Encontre um emparelhamento perfeito de peso máximo $M = \{u_{11}u_{12}, u_{21}u_{22}, \ldots, u_{n1}u_{n2}\}$ em F^*. M é um emparelhamento perfeito de peso mínimo em F e assim, $\pi = \{\{u_{11}, u_{12}\}, \{u_{21}, u_{22}\}, \ldots, \{u_{n1}, u_{n2}\}\}$ é uma partição par de $V_*(G)$ para a qual $m(G) = D(\pi)$;

5. Para o menor caminho P_j de u_{j1} para u_{j2}, com $j = 1,2,\ldots,n$, duplique as arestas de G que aparecem em P_j. Seja H o multigrafo euleriano produzido neste processo;

6. Utilize o Algoritmo de Fleury para encontrar uma trilha fechada euleriana de H. Esta trilha fechada euleriana de H corresponde a um passeio euleriano de G.

Vamos mostrar com um exemplo a execução do algoritmo acima:

Considere o grafo G apresentado na figura abaixo.

Os vértices u_1, u_2, u_3, e u_4 têm, ambos, grau ímpar. Assim, o grafo F é obtido e representado a seguir.

De posse do grafo F, e considerando que $\mu = 4$, seja $\sigma = \mu + 1 = 4 + 1 = 5$.

Construímos, então, o grafo completo F^* com 2n vértices, com pesos nas arestas, e obtido a partir do grafo F pela troca do peso $\mu,(e_j)$ de cada aresta e_j de F pelo peso $\sigma - \mu,(e_j) = 5 - \mu,(e_j)$ (ou seja, cada aresta de F^* tem seu peso determinado por $5 - \mu\,(e_j)$).

O grafo F^* está na figura abaixo:

Observe que $M = \{u_1u_2, u_3u_4\}$ é um emparelhamento máximo para F^*.

Portanto, $\pi = \{\{u_1,u_2\},\{u_3,u_4\}\}$ é uma partição par de $V_*(G)$ tal que $m\,(G) = D(\pi)$. Como $d_G\,(u_1,u_2) = 1$ e $d_G\,(u_3,u_4) = 3$, tem-se que $m\,(G) = 4$.

O multigrafo H pode ser obtido pela duplicação das arestas do menor caminho de u_1 para u_2, bem como do menor caminho de u_3 para u_4.

Como u_1, e_{12}, u_2, e_{10}, v_3, e_3, v_4, e_1, u_4, e_2, v_4, e_4, v_3, e_7, v_2, e_8, u_3, e_5, v_3, e_6, u_3, e_9, v_1, e_{11}, u_2, e_{13}, u_1 é uma trilha fechada euleriana para H, segue que u_1, u_2, v_3, v_4, u_4, v_4, v_3, v_2, u_3, v_3, u_3, v_1, u_2, u_1 é um passeio euleriano de G.

CAPÍTULO 8
O PROBLEMA QUADRÁTICO DE ALOCAÇÃO

8.1 Considerações gerais

Um exemplo clássico de um problema quadrático de alocação (PQA) consiste em k tarefas, as quais devem ser realizadas por p pessoas. O problema consiste em alocar cada pessoa a uma tarefa, porém podem existir pessoas mais aptas a uma determinada atividade que outras.

Para modelar este problema, se pode pensar em um grafo, onde cada uma de suas arestas são valoradas pelo grau de "eficiência" para a realização de uma dada tarefa.

O nome se deve ao fato de a função objetivo ser uma função do segundo grau, enquanto as restrições constituem-se de funções lineares, o que o torna semelhante ao problema de atribuição linear.

São várias as aplicações práticas que levariam particulares situações-problema a um PQA, presentes nas seguintes áreas: linhas de produção de fábricas; estabelecimento do melhor lay-out de fábricas com máquinas não sequenciadas (arranjo físico); em análises estatísticas de dados; em problemas de logística; atribuição de tarefas; computação paralela e distribuída, localização de instalações; isomorfismo de grafos; particionamento em grafos; clique maximal, etc.

O problema de arranjo físico envolve a disposição física de um dado número de instalações (departamentos ou máquinas), onde o custo total para fazer a movimentação necessária de material e máquinas entre instalações precisa ser minimizado, conforme Heragu e Kusiaki (1991).

São dois os objetivos: o quantitativo e o qualitativo que têm sido considerados para otimizar os arranjos físicos de instalações. Na prática, tais objetivos são considerados, um por vez, na avaliação do arranjo físico como um todo. Um objetivo quantitativo, por exemplo, seria o de minimizar o manuseio de material na instalação enquanto que um objetivo qualitativo seria o de minimizar algumas medidas de avaliação da proximidade dos departamentos, por exemplo, segundo Savsar (1991).

Assim, o problema de arranjo físico de instalações pode ser modelado como um problema quadrático de atribuição; um problema quadrático de cobertura de conjunto; um problema de programação linear inteira; um problema de programação mista, dentre outros.

Uma vez modelado o problema, este pode ser descrito por meio de grafos e as mais diversas aplicações podem ser formuladas segundo um PQA, tornando-o de grande utilidade.

De modo mais geral, o Problema Quadrático de Alocação (PQA) é descrito como um problema de programação combinatória, correspondente a alocação de unidades de produção a posições no plano nas situações em que é desejável minimizar o custo de transporte de produtos que sejam processados por essas unidades.

É possível que a formulação matemática para o problema possa ser dada por:

$$min \sum_{i,j=1,\dots,n}^{n} \sum_{p,q=1,\dots,n}^{n} f_{ij} d_{p,q} x_{ij} x_{p,q} \quad com\ i,j,p,q = 1,\dots,n$$

sujeito a

$$\sum_{i=1,\dots,n}^{n} x_{ij} = 1,\ j = 1,2,\dots,n$$

$$\sum_{j=1,\dots,n}^{n} x_{ij} = 1,\ i = 1,2,\dots,n$$

$$x_{ij} \in \{0,1\}, i,j = 1,2,\dots,n$$

Essas variáveis que aparecem em cada termo estão relacionadas às características de alocação, quais sejam:

$$\sum_{I,j=1,\dots,n}^{n} x_{ij} = 1,$$

Implica que cada unidade de produção i seja alocada a uma única posição j no plano;

$d_{p,q}$ é a distância entre as unidades p e q de produção

f_{ij} é o fluxo da produção entre as unidades i e j nela alocadas;

c_{jl} é o custo unitário do fluxo de produção as posições j e l.

$$b_{ijkl} = \begin{Bmatrix} f_{ik}c_{jl} + a_{ij} \text{ se } i = k \text{ ou } j = l \\ f_{ik}c_{jl} \text{ se } i \neq k \text{ ou } j \neq l \end{Bmatrix}$$

$$x_{ij} = \begin{Bmatrix} 1, \text{ se a unidade i for indicada à posição j} \\ 0, \text{ em caso contrário} \end{Bmatrix}$$

Neste caso, o custo pode ser interpretado como o tempo gasto por cada produção para se deslocar entre as posições (instalações).

Formulação geral de um problema quadrático de alocação

A formulação geral de um problema quadrático de alocação também pode ser escrita da forma abaixo:

$$min \sum_{i=1}^{n} \sum_{j=1}^{n} \sum_{k=1}^{n} \sum_{l=1}^{n} b_{ijkl} x_{ij} x_{kl}$$

sujeito a

$$\sum_{j=1}^{n} x_{ij} = 1, \ i = 1, 2, \dots, n$$

$$\sum_{j=1}^{n} x_{ij} = 1, \ j = 1, 2, \dots, n$$

$$x_{ij} \in \{0,1\}, i, j = 1, 2, \dots, n$$

Onde

a_{ij} é o custo fixo para alocar a instalação i na posição j

f_{ik} é o fluxo de alunos entre as instalações i e k

c_{jl} é o custo unitário do fluxo de alunos entre as posições j e l.

$$b_{ijkl} = \begin{Bmatrix} f_{ik}c_{jl} + a_{ij} \text{ se } i = k \text{ ou } j = l \\ f_{ik}c_{jl} \text{ se } i \neq k \text{ ou } j \neq l \end{Bmatrix}$$

$$x_{ij} = \begin{Bmatrix} 1, \text{ se a facilidade i está na posição j} \\ 0, \text{ em caso contrário} \end{Bmatrix}$$

Este modelo foi formulado por Koopmans e Beckmann em 1957, e desde então, tem servido de referência para que diversos pesquisadores possam utilizá-lo para descrever e modelar diferentes problemas, teóricos e aplicados, como visto acima.

Diz-se que um problema é polinomial se existe um algoritmo denominado tempo-polinomial cujo tempo de solução, estimado pelo número de operações elementares de bits (tais como *or, and, not, print,* etc.) sobre uma string de entrada de tamanho ***l***, é limitado superiormente por uma polinomial P(***l***), segundo Reingold et al (1977).

A classe que compreende os problemas que admitem algoritmo polinomial para obter a sua solução é definida como a classe P de problemas de decisão.

Os algoritmos determinísticos investigam uma alternativa do problema por vez, retornando posteriormente para explorar as demais alternativas. Já os algoritmos não determinísticos, exploram todas as alternativas de um problema simultaneamente, criando cópias de si em cada alternativa. Todas as cópias agem independentemente, podendo criar novas cópias. Se uma cópia encontrar uma escolha improdutiva ela para e se encontrar uma solução comunica o seu sucesso às demais cópias, que param a execução, segundo Reingold et al (1977).

Por outro lado, define-se a classe NP como sendo a classe que compreende todos os problemas de decisão P tais que existe uma justificativa à resposta SIM para P, cujo passo de reconhecimento pode ser realizado por um algoritmo polinomial no tamanho de entrada de P. Assim, na classe NP temos os problemas que podem ser resolvidos em tempo polinomial por um algoritmo não determinístico.

Exemplos de problemas da classe NP cujos algoritmos desenvolvidos são do tipo exponencial:

a. Dados: Um grafo G e um inteiro k > 0.
   Decisão: G possui um conjunto independente de vértices de tamanho igual a k?
b. Dados: Um grafo G e um inteiro k > 0.
   Decisão: G possui uma clique de tamanho igual a k
c. Dados: Um grafo G e um inteiro k > 0.
   Decisão: G possui uma cobertura de vértices de tamanho igual a k.
d. Dados: Um grafo G orientado.
   Decisão: G possui um ciclo hamiltoniano direcionado?
e. Dados: Um grafo G não orientado
   Decisão: G possui um ciclo hamiltoniano?
f. Dados: Um grafo G e um inteiro k > 0.
   Decisão: G possui uma coloração com um número menor que k de cores?
g. Dados: Dados os grafos G_1 e G_2
   Decisão: O grafo G_1 contém um subgrafo isomorfo a G_2?
h. Dados: um grafo G (V, E) e um inteiro k > 0.
   Decisão: A clique de tamanho máximo de G possui k vértices?

Ademais, um problema P_1 pode ser transformado em um problema P_2 se em qualquer instância de P_1 esta pode ser transformada em tempo polinomial em uma instância de P_2 de tal modo que a solução de P_1 pode ser obtida em tempo polinomial a partir da solução da instância de P_2.

Um problema é NP-hard se todo problema em NP é transformado nele, e um problema é NP-completo se ele está em ambas as classes NP-hard e em NP, conforme Reingold et al (1977). E é exatamente nesta classe de problemas que estão incluídos os problemas de alocação quadrática (PQA).

O Problema Quadrático de Alocação é um problema NP-completo? P = NP ou P≠NP? Nada se sabe até agora!

Conjectura: a classe máxima não pertence a NP.

Lema: P≠NP

P = NP? Ou seja, existe algum problema na classe NP que seja intratável? Ou, em caso contrário, todo problema em NP admite necessariamente um algoritmo polinomial? Até o momento não se conhece resposta a essa indagação. Todas as evidências apontam na direção de que P≠NP.

Um argumento: a classe NP incorpora um grande número de problemas para os quais inúmeros pesquisadores já se debruçaram para elaborar algoritmos eficientes mas, apesar de tais esforços, não foi possível a formulação de algoritmos polinomiais para quaisquer um deles. Ademais, com os trabalhos de pesquisa até então desenvolvidos, os pesquisadores acreditam que não será possível encontrar.

Os problemas pertenceriam então à classe NP?

Ora, um problema de decisão P é NP completo quando:

1. P∈NP

2. Todo problema de decisão P∈NP satisfaz P≠P (ou seja: todo problema da classe NP pode ser transformado, polinomialmente, no problema P NP-completo).

Assim: se um problema NP-completo P puder ser resolvido em tempo polinomial então, todo problema de NP também admite um algoritmo polinomial.

Logo: P∈NP, se e somente se, P≠NP. Assim, NP completo é a classe dos problemas difíceis da classe NP.

Conclusão: O Problema Quadrático de Alocação é um problema pertencente à classe dos problemas *NP-Hard*. É um problema NP-completo tal que o número de elementos do conjunto solução, para um determinado número n de instalações, é de n! Portanto, é um problema de difícil solução.

As várias situações particulares do PQA conferem significativa complexidade aos problemas e, por conta disso, *Heurísticas Construtivas* têm sido bastante utilizadas por pesquisadores para resolvê-los, mas elas não têm apresentado resultados produtivos, razão porque o uso de *metaheurísticas da natureza*, com o uso do método *simulated annealing*, têm sido mais fortemente utilizados agora, e com resultados mais satisfatórios.

Um método de solução exata do problema é sugerido por meio do estabelecimento de limites inferior e superior para os valores de suas soluções de modo que se pode obter uma solução próxima do ótimo, vez que esses limites permitem estabelecer distâncias as quais o algoritmo encontra-se da solução ótima.

Daí porque, é necessário lançar mão de algoritmos heurísticos para determinar as soluções viáveis e a solução ótima. Porém há a dificuldade de garantir a existência da solução ótima.

Pesquisadores têm se debruçado sobre o estudo exaustivo de procurar algoritmos eficientes para a solução de Problemas Quadráticos de Alocação, em diferentes aplicações.

O problema é que já se sabe que para instâncias superiores a 30 há enormes dificuldades em resolver tais problemas. Na verdade, problemas de instâncias dessa ordem são considerados intratáveis.

Entretanto, grandes avanços na procura da solução do PQA em algoritmos e plataformas computacionais têm permitido obter soluções em maiores instâncias possíveis.

De forma a atacar o problema de obtenção da solução de um PQA, tem-se procurado o recurso de modelar o problema através de um grafo e procurar uma formulação linear, na forma relaxada do problema.

Por este caminho, um fato importante é que a viabilidade entre as soluções de um PQA e de sua respectiva relaxação linear independe da instância. Ademais, já se sabe que já há meios de se verificar se uma dada solução, obtida pelas arestas do grafo, é ou não viável, ou seja, se essa solução corresponde a uma permutação de vértices.

Assim, é possível obter-se uma ordenação parcial máxima para as soluções do PAL relaxado, independentemente da instância do problema, e portanto, essas soluções podem ser comparáveis.

Problemas quadráticos de alocação constituem uma área muito interessante, não só pelas vastas aplicações já citadas como também pelo grande desafio no tratamento dos problemas, o que vem a ratificar a importância desta linha de pesquisa.

São inegáveis os avanços tecnológicos nas últimas décadas, os quais permitiram que fossem obtidos grandes saltos nas pesquisas - principalmente no que diz respeito à compilação de algoritmos -, mas apesar de todos os esforços, os problemas de alocação quadrática com instâncias superiores a 30 ainda são intratáveis. Ademais, também ainda não se sabe se um dia eles poderão ser tratados em tempo polinomial.

8.2 Métodos Heurísticos

A complexidade na resolução de problemas de alocação vem justamente da resolução de problemas para valores de n maiores que 30. Fato é que, por enquanto já se sabe que problemas destes tipos não serão resolvidos otimamente.

Tudo o que se sabe de resultados, pesquisas apontam-nos que por meio de algoritmos heurísticos se chega a soluções viáveis embora não se tenha certeza acerca de que tais soluções viáveis sejam uma solução ótima, uma vez que os métodos exatos que se tem para se resolver um problema combinatório apresentam um *tempo explosivo*.

Os métodos heurísticos calculam limites e estes limites servem como balizadores da qualidade da solução obtida. Assim, quanto mais próxima a solução estiver do limite, melhor a qualidade da solução. Portanto, a qualidade deste limite é essencial para se obter boas soluções.

Vários algoritmos que são propostos para resolver o PQA com exatidão usam algum esquema de enumeração. LI_{kj}

O cálculo do limite inferior LI_{kj}se baseia na ideia que foi proposta por Gilmore (1962) e por Lawer (1963), a qual disponha os fluxos em ordem não crescente e as distâncias em ordem crescente. Os referidos autores estabelecem que o LI_{kj}é determinado pelo produto escalar desses dois vetores, quando tomados de modo ordenado.

Assim, para um mesmo problema se pode calcular os limites inferiores fazendo-se algumas considerações, a depender de cada grafo.

Por outro lado, o fato de haver a disponibilidade de limites inferiores para o problema inicial ou para subproblemas onde algumas alocações já foram realizadas, pode evitar a enumeração explícita de muitas soluções, e então, se pode reduzir o esforço computacional do processo de modo considerável.

CAPÍTULO 9
PROCEDIMENTOS PARA A OBTENÇÃO DA ÁRVORE GERADORA DE CUSTO MÍNIMO EM UM GRAFO CONEXO

9.1. O procedimento para obter qualquer árvore geradora de custo mínimo, atendendo à imposição de conter apenas determinados vértices como folhas, ou seja, a escolha a priori de um conjunto de vértices folha deve ser como o descrito a seguir:

1. Considere W o conjunto dos vértices do grafo G dado, que contém os vértices folha na árvore geradora de custo mínimo a ser obtida;
2. Ordena-se em ordem crescente monótona os custos das arestas do conjunto E;
3. Retira-se do conjunto das arestas, aquelas que conectam os vértices de W entre si, formando o conjunto E_1;
4. Selecionam-se as arestas de custo mínimo na vizinhança de cada um dos vértices de W, formando o conjunto de vértices N (W), da vizinhança de W. Essas arestas selecionadas irão constituir o conjunto E_2 e serão nomeadas como "galhos" de possíveis árvores que atenderão às condições do problema;
5. As arestas de E_2 serão representadas com linhas pontilhadas, escolhendo-se, como deve ser, apenas uma delas com adjacência em cada vértice de W, definição da árvore que atenderá às condições do problema;
6. Obter uma árvore geradora de custo mínimo T_1 do grafo induzido em V_1 = (V-W, E_3), procurando, de início, aquela árvore em que os vértices de (V-W) – N (W) tenham, todos, no mínimo grau igual a 2. Os vértices de N (W), após a escolha dos "galhos" da árvore e da árvore em V_1 também deverão ter, no mínimo grau igual a 2. Caso não seja possível encontrar essa árvore de custo mínimo será preciso efetuar trocas de arestas, de modo a obtê-la com a condição de grau nesses vértices, aumentando, assim, seu custo. Esta árvore será representada no grafo por linhas contínuas;

7. De posse do grafo com as arestas tracejadas e a árvore em linhas contínuas, deve-se escolher entre as possíveis adjacências para a formação da árvore geradora que atenda às condições do problema, de tal modo que os vértices de N (W) tenham grau maior do que ou igual a 2. Isso é feito em função da liberdade que se tenha de escolha, entre os "galhos" de árvore disponíveis.

Observação: Esse procedimento de obtenção da árvore geradora de custo mínimo com vértices folha em W, sugere que após a determinação da árvore geradora em V_1, mantendo-a inalterada, proceda-se às escolhas de arestas somente com relação às adjacências entre os vértices de W e os vértices dessa árvore, a qual é obtida no subgrafo induzido por V_1.

Uma lista de alguns problemas poderá lançar luz acerca do melhor procedimento a ser seguido, possivelmente servindo de guia para a implementação de uma heurística que dê conta de resolver tais situações. É o que veremos.

Problema 1: Considere o grafo G = (V, E) abaixo, conexo e completo, com os custos das arestas indicadas ao lado. Determinar uma árvore geradora de peso mínimo T que tenha em W = {2,4,6} seus únicos vértices folhas.

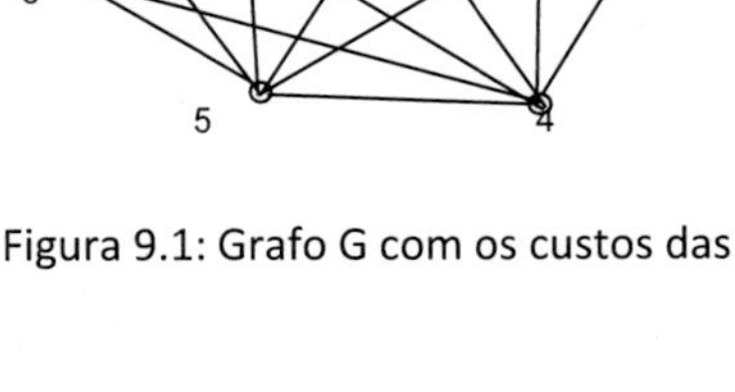

{1,2}1	{3,4}1
{1,3}2	{3,5}2
{1,4}1	{3,6}2
{1,5}1	{3,7}2
{1,6}2	{4,5}2
{1,7}2	{4,6}2
{2,3}1	{4,7}2
{2,4}2	{5,6}4
{2,5}2	{5,7}2
{2,6}2	{6,7}3
{2,7}2	

Figura 9.1: Grafo G com os custos das arestas. Fonte: o autor

A seguir estão representadas quatro diferentes árvores geradoras mínimas do grafo G, cujo custo é igual a 8.

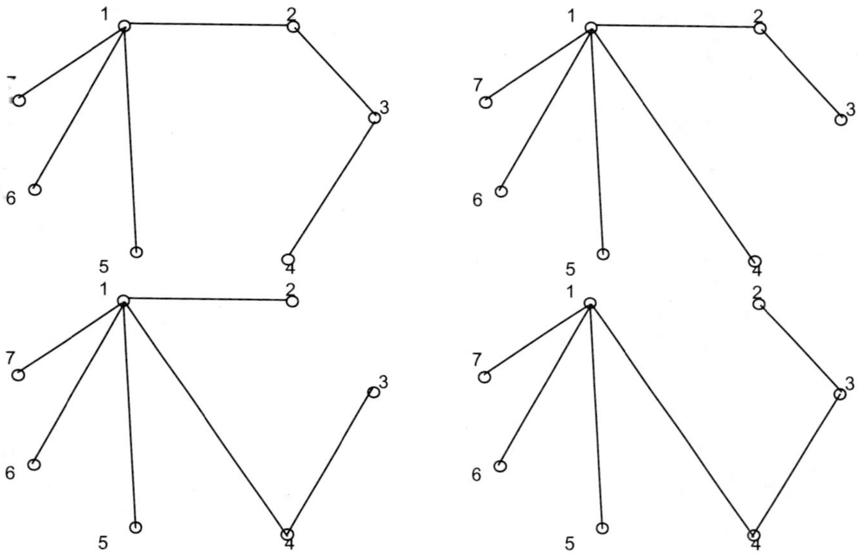

Figura 9.2: Árvores geradoras de custo mínimo do Grafo G. Fonte: o autor

1º Passo: Seja $E_1 = E - \{\{2,4\}, \{2,6\}, \{4,6\}\}$. Logo,

$E_1=\{\{1,2\},\{1,4\},\{1,5\},\{2,3\},\{3,4\},\{1,3\},\{1,6\},\{1,7\},\{2,5\},\{2,7\},\{3,5\},\{3,6\},\{3,7\}, \{4,5\},\{4,7\},\{5,7\},\{6,7\},\{5,6\}\}$.

2º Passo: Determinar a vizinhança de W com menores custos:

Começando pelo vértice 2, teremos: $N(v_2) = \{1,3\}$. As arestas {2,1} e {2,3} têm custo 1;

Analogamente, para os vértices 4 e 6, teremos:

$N(v_4) = \{1,3\}$. As arestas {4,1} e {4,3} têm custo 1;

$N(v_6) = \{1,3\}$. As arestas {6,1} e {6,3} têm custo 2;

Assim, o subconjunto de possíveis "galhos" da árvore T é $E_2 = \{\{2,1\}, \{2,3\}, \{4,1\}, \{4,3\}, \{6,1\}, \{6,3\}$ e $N(W) = \{1,3\}$.

Temos 2(duas) escolhas entre os vizinhos de v_2, 2 (duas) entre os vizinhos de v_4 e 2 (duas) entre os vizinhos de v_6, mas não podemos escolher um só vértice de N (W) para vizinho dos vértices de W, pois daí o outro vértice da vizinhança N (W) ou então um outro vértice de V_1 fora da vizinhança N (W) teriam, cada um, grau igual a 1.

Assim, totalizamos 8 – 2 = 6 (seis) escolhas possíveis dos subconjuntos de 3 (três) "galhos" da árvore T a ser obtida (os subconjuntos de "galhos" da árvore T: {{2,1}, {4,1}, {6,1}} e {{2,3}, {4,3}, {6,3}}, não devem ser escolhidos).

Qualquer que seja a escolha feita para o subconjunto de "galhos" da árvore T o somatório dos custos das três arestas escolhidas será ***sempre igual a 4***.

Esses subconjuntos de "galhos" de árvore possíveis, são os seguintes:

{{2,1}, {4,1},{6,3}};
{{2,1},{4,3},{6,1}},
{{2,1},{4,3},{6,3}};
{{2,3},{4,1},{6,1}};
{{2,3},{4,1},{6,3}};
{{2,3},{4,3},{6,1}}.

Eles estão representados na Figura 3, a seguir, onde as linhas tracejadas mais claras correspondem às arestas de custo igual a 1, e as arestas mais escuras correspondem às arestas de custo igual a 2.

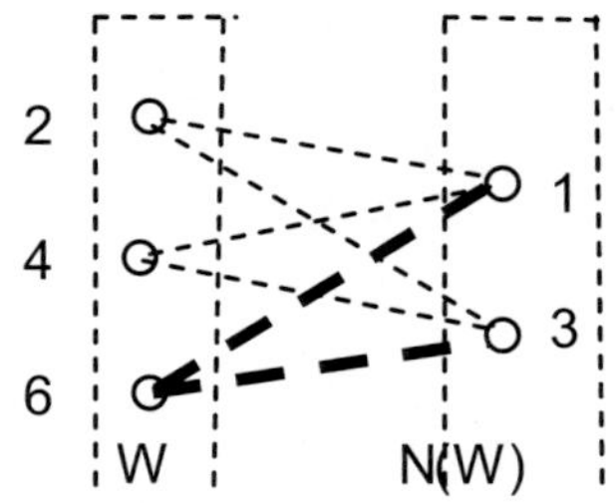

Figura 9.3: Os "galhos" de árvore possíveis. Fonte: o autor

Os vértices 5 e 7 são os únicos que não têm adjacências com os vértices de W. Assim, se o desejado é que somente os vértices de W sejam folhas, é preciso encontrar uma árvore geradora mínima nos vértices de V_1 = G – W = {1,3,5,7} de modo que os vértices 5 e 7 tenham, ambos, grau 2 (os vértices 1 e 3 terão, naturalmente, grau maior do que ou igual a 2).

Assim, para cada árvore geradora mínima escolhida no grafo abrangente de V_1 (com a condição de os vértices 5 e 7 terem, ambos, grau 2), pode-se gerar uma árvore atendendo à condição do problema.

O ideal é obter uma árvore geradora mínima atendendo às condições impostas pelo problema, a qual tenha custo igual ao da árvore geradora mínima do grafo.

Neste caso, estaríamos diante da solução ótima do problema.

E por que não foi possível obter tal árvore nesse problema?

Porque os vértices 2 e 4, de W, têm, ambos, dois vizinhos cujas arestas têm custo igual a 1 e como para o problema, ambos devem ser vértices folha, terão de abrir mão, cada um, de uma das adjacências.

3º Passo: Obter uma árvore geradora de custo mínimo no grafo abrangente em G_1 = (V_1, E_3), sendo V_1 = {1,3,5,7} e E_3 = {{1,5}1, {1,3}2, {1,7}2, {3,5}2, {3,7}2, {5,7}2}, em que o valor junto à indicação da aresta é o seu custo.

A aresta {1,5} necessariamente fará parte da árvore vez que o seu custo é igual a 1. As demais têm custo igual a 2 e, portanto, serão escolhidas de modo a atender à condição dos vértices 5 e 7 terem, ambos, grau igual a 2.

A situação é mostrada na Figura 9.4, a seguir.

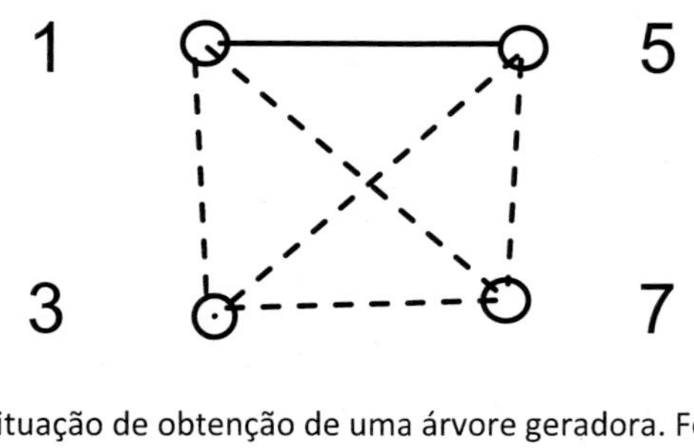

Figura 9.4: Situação de obtenção de uma árvore geradora. Fonte: o autor

A árvore escolhida em G_1 está representada na Figura 9.5, a seguir, e tem custo igual a 5.

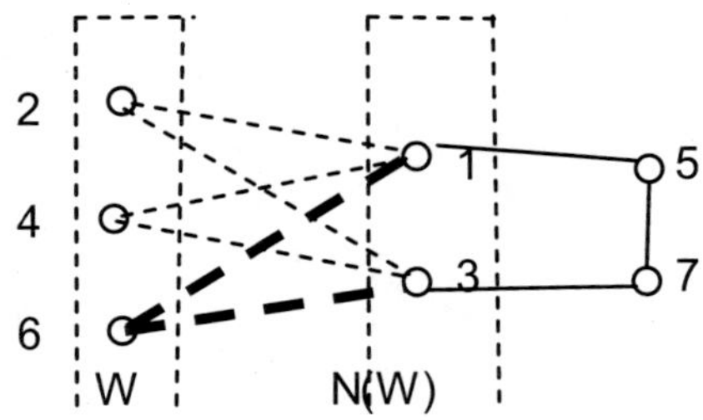

Figura 9.5: Árvore a ser escolhida. Fonte: o autor

Assim, qualquer que seja a escolha do subconjunto de "galhos" da árvore T o custo para obter-se a árvore T atendendo à condição do problema é igual a 4 + 5 = 9. O custo da árvore atendendo à condição do problema é maior em uma unidade do que o custo da árvore geradora mínima do grafo que é igual a 8.

Qualquer uma das árvores T mostradas na Figura 9.6, a seguir, atende à condição do problema.

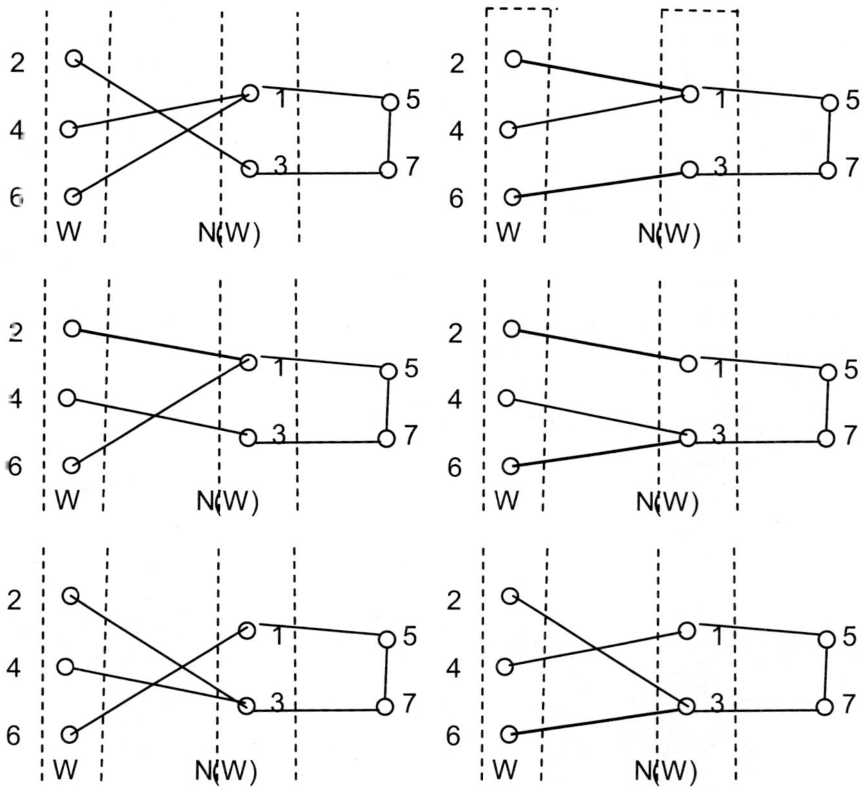

Figura 9.6: Árvores que atendem ao problema. Fonte: o autor

Observação: Se, no Passo 3, quando da procura da árvore geradora mínima do grafo abrangente, não for possível obter uma árvore em que os vértices não pertencentes à N (W) tenham grau igual a 2, já podemos concluir que a árvore que atende à solução do problema terá seu custo final superior ao da árvore geradora mínima do grafo dado.

O importante de toda essa procura da árvore T que atenda às condições do problema é que, entre os vizinhos dos vértices de W, procuramos por arestas de menor custo para serem possíveis "galhos" da árvore T e, entre os vértices de V_1, procuramos por qualquer árvore geradora de custo mínimo em que os vértices fora de N (W) tenham grau igual a 2.

Assim, temos diferentes árvores T, conforme seja a mobilidade de escolha dos subconjuntos de "galhos" e conforme seja possível determinar uma árvore geradora mínima em V_1 em condições de que os vértices que estão fora de N (W) tenham, todos, grau igual a 2.

Problema 2: Considere o grafo G = (V, E) abaixo, conexo e completo, com os custos das arestas indicadas ao lado. Determinar uma árvore geradora de peso mínimo T que tenha em W = {2,4} seus únicos vértices folhas. Problemas em que W tenha somente dois vértices são equivalentes à obtenção de um caminho hamiltoniano de custo mínimo com vértices inicial e final nos vértices de W.

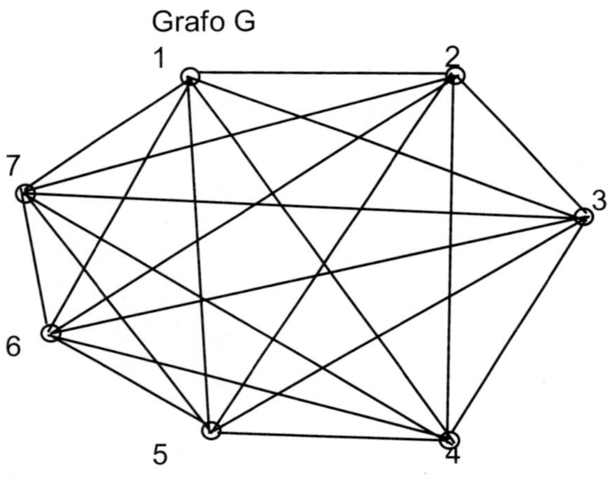

{1,2}1	{3,4}1
{1,3}2	{3,5}2
{1,4}1	{3,6}2
{1,5}1	{3,7}2
{1,6}2	{4,5}2
{1,7}2	{4,6}2
{2,3}1	{4,7}2
{2,4}2	{5,6}4
{2,5}2	{5,7}2
{2,6}2	{6,7}3
{2,7}2	

Figura 9.7: Garfo G com os custos das arestas. Fonte: o autor

A seguir estão representadas quatro diferentes árvores geradoras mínimas do grafo G, cujo custo é igual a 8.

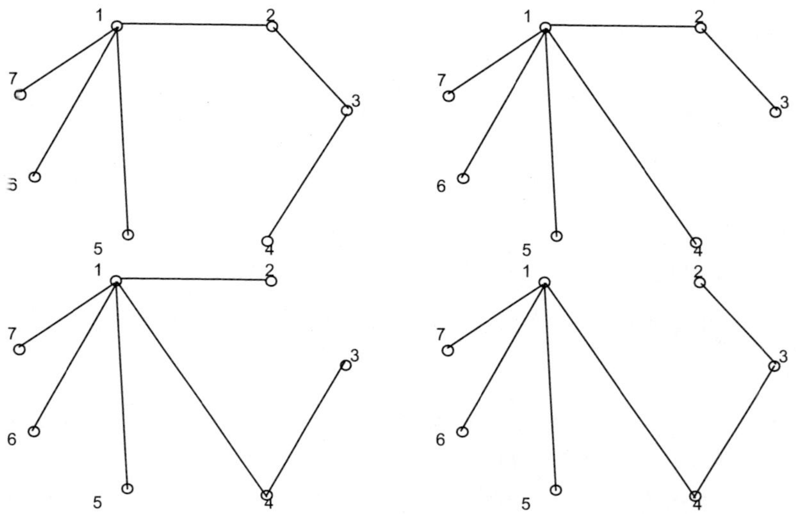

Figura 9.7: Árvores geradoras de custo mínimo do Grafo G. Fonte: o autor

1ºPasso: Seja $E_1 = E - \{\{2,4\}\}$. Logo:

E_1= {Custo1: {1,2}, {1,4},{1,5},{2,3},{3,4}; Custo 2: {1,3},{1,6},{1,7},{2,5}, {2,6},{2,7},{3,5},{3,6},{3,7},{4,5},{4,6},{4,7},{5,7}; Custo 3: {6,7}; Custo 4: {5,6}}.

2º Passo: Determinar a vizinhança de W com menores custos:

N (v_2) = {1,3}. As arestas {2,1} e {2,3} têm custo 1;

N (v_4) = {1,3}. As arestas {4,1} e {4,3} têm custo 1;

Assim, o subconjunto de possíveis "galhos" da árvore T é E_2 = {{2,1}, {2,3}, {4,1}, {4,3} e N (W) = {1,3}.

Temos 2 (duas) escolhas entre os vizinhos de v_2 e 2 (duas) entre os vizinhos de v_4, mas não podemos escolher um só vértice de N (W) para vizinho dos vértices de W pois, daí, o outro vértice da vizinhança N (W) ou então um outro vértice de V_1 fora da vizinhança N (W) teria grau igual a 1.

Assim, totalizamos duas escolhas possíveis do subconjunto de 2 (dois) "galhos" da árvore T a ser obtida.

Qualquer que seja a escolha feita para o subconjunto de "galhos" da árvore T, o somatório dos custos das duas arestas escolhidas será ***sempre igual a 2***. Esses subconjuntos de "galhos" de árvore possíveis, bem como uma árvore geradora mínima no grafo abrangente estão representados na Figura 9.8, a seguir.

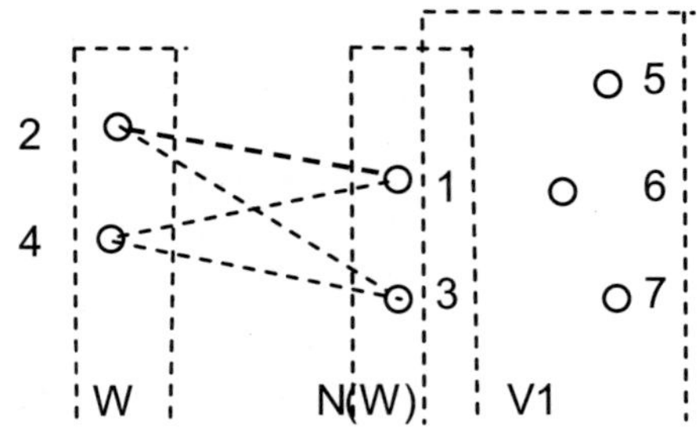

Figura 9.8: Subconjuntos de "galhos" possíveis. Fonte: o autor

Os vértices 5, 6 e 7 são os únicos que não têm adjacências com os vértices de W. Assim, se o desejado é que somente os vértices de W sejam folhas, é preciso encontrar uma árvore geradora mínima nos vértices de V_1 = G – W = {1,3,5,6,7} de modo que os vértices 5, 6 e 7 tenham, ambos, grau 2 (os vértices 1 e 3 terão, naturalmente, grau maior do que ou igual a 2).

Assim, para cada árvore geradora mínima escolhida no grafo abrangente de V_1 (com a condição dos vértices 5, 6 e 7 terem, ambos, grau 2), pode-se gerar uma árvore atendendo à condição do problema.

3º Passo: Obter uma árvore geradora de custo mínimo no grafo abrangente em G_1 = (V_1, E_3), sendo V_1 = {1,3,5,6,7} e E_3 = {{1,5}1, {1,3}2, {1,6}2, {1,7}2, {3,5}2, {3,6}2, {3,7}2, {5,6}4, {5,7}2}, em que o valor junto à indicação da aresta é seu custo.

A aresta {1,5} necessariamente fará parte da árvore, vez que seu custo é igual a 1. A árvore escolhida em G_1 está representada na Figura 9, a seguir, e tem custo igual a 8.

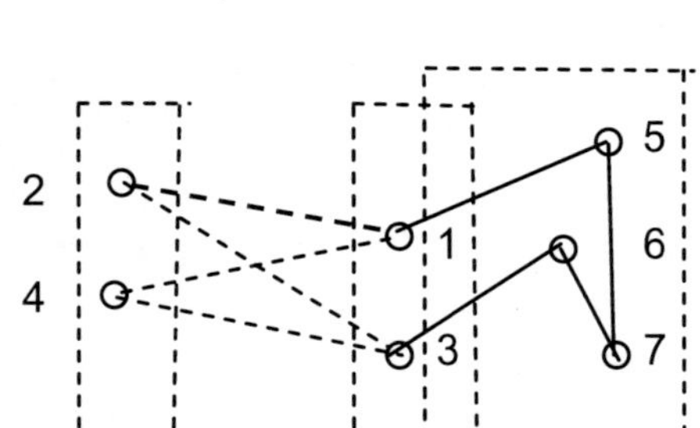

Figura 9.9: Árvore escolhida em G_1. Fonte: o autor

Assim, qualquer que seja a escolha do subconjunto de "galhos" da árvore T o custo para obter-se a árvore T atendendo à condição do problema é igual a 2 + 8 = 10.

O custo da árvore atendendo à condição do problema é maior em duas unidades do que o custo da árvore geradora mínima do grafo que é igual a 8.

Qualquer uma das duas árvores T, mostradas na Figura 9.10, a seguir, atende à condição do problema.

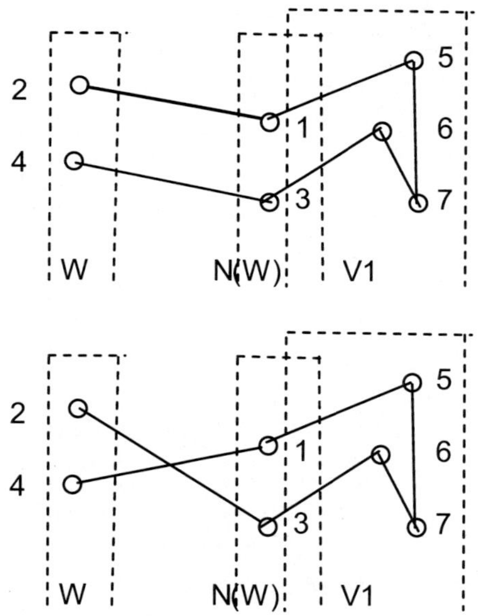

Figura 9.10: Árvores que atendem à condição do problema. Fonte: o autor

Problema 3: Considere o grafo G = (V, E) abaixo, conexo e completo, com os custos das arestas indicadas ao lado. Determinar uma árvore geradora de peso mínimo T que tenha em W = {1,3,5} seus únicos vértices folhas.

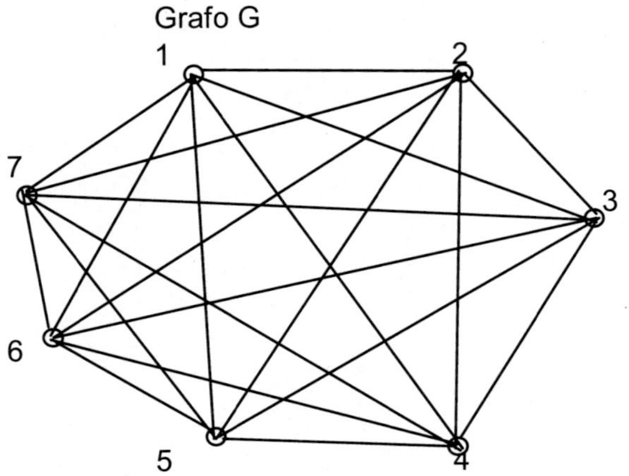

{1,2}1 {3,4}1
{1,3}2 {3,5}2
{1,4}1 {3,6}2
{1,5}1 {3,7}2
{1,6}2 {4,5}2
{1,7}2 {4,6}2
{2,3}1 {4,7}2
{2,4}2 {5,6}4
{2,5}2 {5,7}2
{2,6}2 {6,7}3
{2,7}2

Figura 9.11: Grafo G com os custos das arestas. Fonte: o autor

Uma árvore geradora mínima do grafo G tem custo igual a 8.

1ºPasso: Seja E_1 = E – {{1,3}, {1,5}, {3,5}}.

Logo: E_1= {Custo 1:{1,2},{1,4},{2,3},{3,4}; Custo 2: {1,4},{1,6},{1,7},{2,3},{2,4},{2,5},{2,6},{2,7},{3,4},{3,6},{3,7},{4,5},{4,6},{4,7},{5,7}; Custo 3: {6,7}; Custo 4: {5,6}}.

2º Passo: Determinar a vizinhança de W com menores custos:

N (v_1) = {2,4}. As arestas {2,1} e {4,1} têm custo 1;

N (v_3) = {2,4}. As arestas {2,3} e {4,3} têm custo 1;

N (v_5) = {2,4,7}. As arestas {2,5}, {4,5} e {7,5} têm custo 2;

Qualquer que seja a escolha para o subconjunto de "galhos" da árvore T, o somatório dos custos das três arestas escolhidas será ***sempre igual a 4***.

Esses subconjuntos de "galhos" de árvore possíveis estão representados na Figura 9.12, a seguir, onde as linhas tracejadas mais claras correspondem às arestas de custo igual a 1 e as arestas mais escuras correspondem às arestas de custo igual a 2.

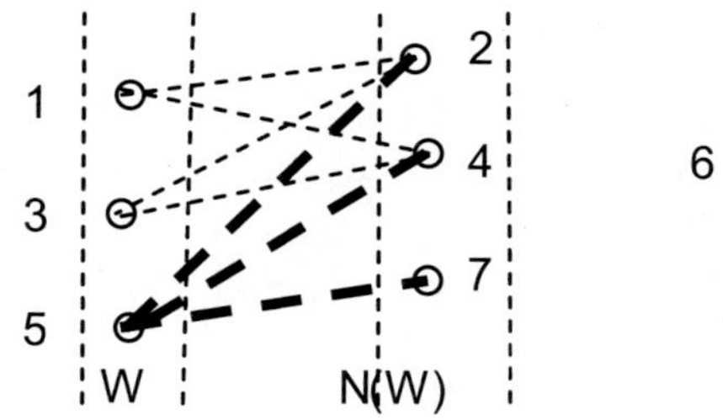

Figura 9.12: Subconjuntos de “galhos” possíveis. Fonte: o autor

O vértice 6 é o único que não tem adjacência com vértices de W.

Assim, se o desejado é que somente os vértices de W sejam folhas, é preciso encontrar uma árvore geradora mínima nos vértices de $V_1 = G - W = \{2,4,6,7\}$ de modo que o vértice 6 tenha grau 2.

Assim, para cada árvore geradora mínima escolhida no grafo abrangente de V_1 (com a condição do vértice 6 ter grau 2), pode-se gerar uma árvore atendendo à condição do problema.

3º Passo: As arestas em linhas contínuas na Figura 9.13, a seguir, têm custo igual a 2. Assim, desfazendo ciclos, podemos obter uma árvore geradora de custo igual a 6 no grafo G_1.

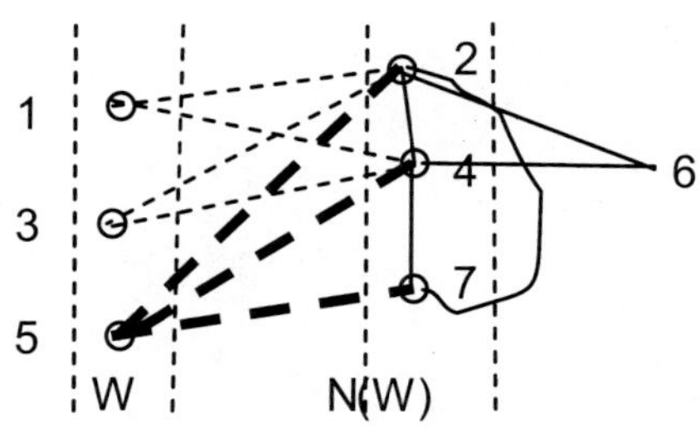

Figura 9.13: Árvore escolhida em G_1. Fonte: o autor

Assim, qualquer que seja a escolha do subconjunto de "galhos" da árvore T, o custo para obter-se a árvore T atendendo à condição do problema é igual a 4 + 6 = 10. O custo da árvore atendendo à condição do problema é maior em duas unidades do que o custo da árvore geradora mínima do grafo que é igual a 8.

Qualquer uma das árvores T, mostradas na Figura 9.14, a seguir, atende à condição do problema.

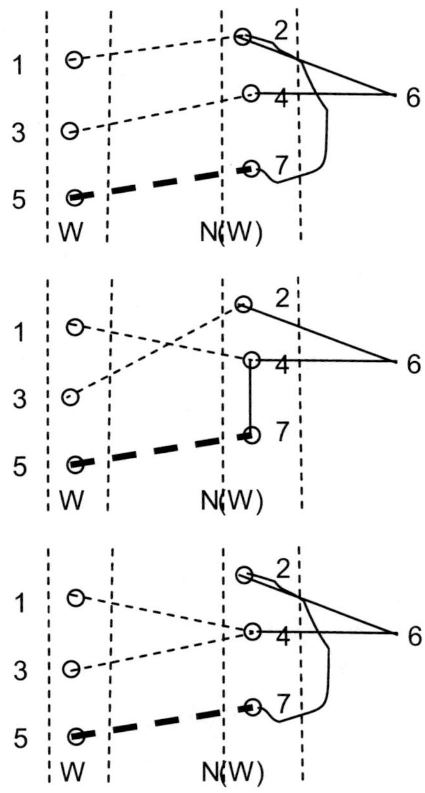

Figura 14: Árvores que atendem à condição do problema. Fonte: o autor

Problema 4: Considere o grafo G = (V, E) abaixo, conexo e completo, com os custos das arestas indicadas ao lado. Determinar uma árvore geradora de peso mínimo T que tenha em W = {2,3,6} seus únicos vértices folhas.

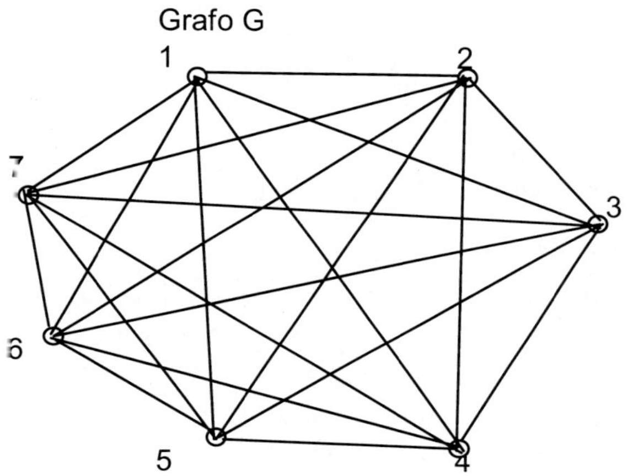

{1,2}1 {3,4}1
{1,3}2 {3,5}2
{1,4}1 {3,6}2
{1,5}1 {3,7}2
{1,6}2 {4,5}2
{1,7}2 {4,6}2
{2,3}1 {4,7}2
{2,4}2 {5,6}4
{2,5}2 {5,7}2
{2,6}2 {6,7}3
{2,7}2

Figura 9.15: Grafo G com os custos das arestas. Fonte: o autor

Uma árvore geradora mínima do grafo G tem custo igual a 8.

1ºPasso: Seja E_1 = E – {{2,3}, {2,6}, {3,6}}.

Logo: E_1 = {Custo 1: {1,2}, {1,4},{1,5},{3,4}; Custo 2: {1,3},{1,6},{1,7},{2,4},{2,5},{2,7},{3,5},{3,7},{4,5},{4,6},{5,7}; Custo 3: {6,7}; Custo 4:{5,6}}.

2º Passo: Determinar a vizinhança de W com menores custos:

N (v_2) = {1}. A aresta {2,1} tem custo 1;

N (v_3) = {4}. A aresta {3,4} tem custo 1;

N (v_6) = {1,4}. As arestas {6,1} e {6,4} têm custo 2;

Qualquer que seja a escolha para o subconjunto de "galhos" da árvore T, o somatório dos custos das três arestas escolhidas será ***sempre igual a 4***.

Esses subconjuntos de "galhos" de árvore possíveis estão representados na Figura 9.16, a seguir, onde as linhas tracejadas mais claras correspondem às arestas de custo igual a 1 e as arestas mais escuras correspondem às arestas de custo igual a 2.

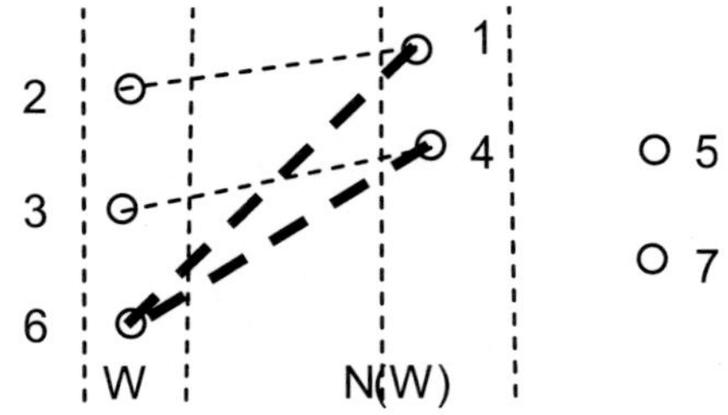

Figura 9.16: Subconjuntos de "galhos" possíveis. Fonte: o autor

Os vértices 5 e 7 são os únicos que não têm adjacências com vértices de W. Assim, se o desejado é que somente os vértices de W sejam folhas, é preciso encontrar uma árvore geradora mínima nos vértices de $V_1 = G - W = \{1,4,5,7\}$ de modo que os vértices 5 e 7 tenham, ambos, grau 2.

Assim, para cada árvore geradora mínima escolhida no grafo abrangente de V_1 (com a condição dos vértices 5 e 7 terem grau 2), pode-se gerar uma árvore atendendo à condição do problema.

3º Passo: As arestas {1,4} e {1,5} têm, ambas, custo igual a 1. Assim, de modo a manter o custo mínimo, deveriam, ambas, fazer parte de qualquer árvore geradora mínima em G_1. A aresta {5,7}, de custo igual a 2, terá de fazer parte da árvore de modo a que o vértice 5 tenha grau 2. Agora, o vértice 7 terá de ser adjacente ao vértice 4, com custo igual a 2 (se for adjacente ao vértice 1 forma ciclo), desprezando-se a aresta {1,4} de custo igual a 1 (não podemos desprezar a aresta {1,5}, pois o vértice torna-se folha) A troca aumenta o custo da árvore em uma unidade. As situações estão representadas na Figura 9.17, a seguir:

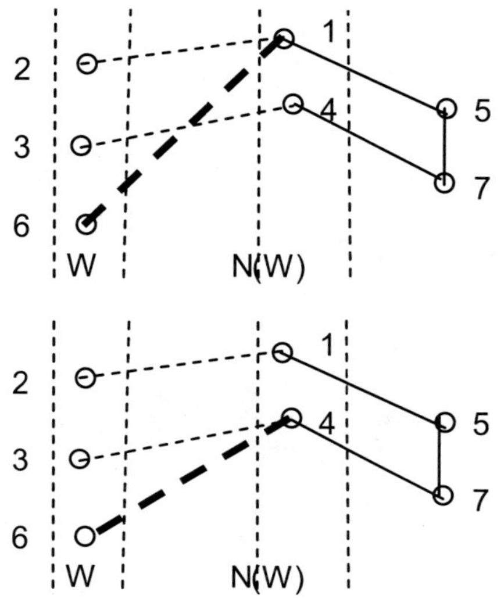

Figura 9.17: Árvores que atendem à condição do problema. Fonte: o autor

Assim, qualquer que seja a escolha do subconjunto de "galhos" da árvore T, o custo para obter-se a árvore T atendendo à condição do problema é igual a 4 + 5 = 9. O custo da árvore atendendo à condição do problema é maior em uma unidade do que o custo da árvore geradora mínima do grafo que é igual a 8.

Qualquer uma das árvores T na Figura acima, atende à condição do problema.

Problema 5: Considere o grafo G = (V, E) abaixo, conexo e completo, com os custos das arestas indicadas ao lado. Determinar uma árvore geradora de peso mínimo T que em W = {1,2} tenha seus únicos vértices folhas.

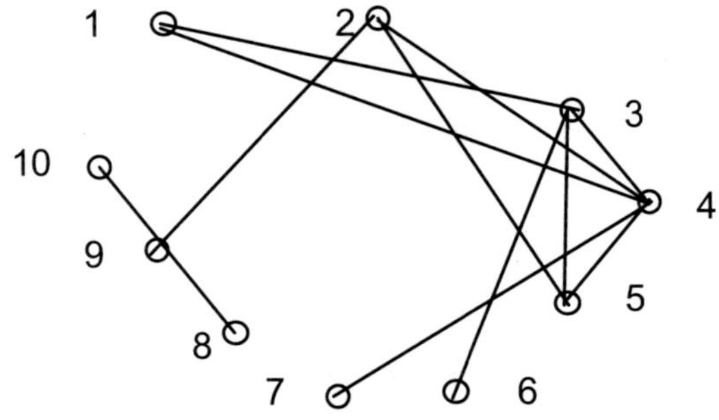

Figura 9.18: Grafo G com os custos das arestas. Fonte: o autor.

Custos das arestas:

Custo 1: {1,3}, {1,4}, {2,4}, {2,5}, {2,9}, {3,4}, {3,5}, {3,6}, {4,5}, {4,7}, {8,10};

Custo 2: {1,2}, {1,5}, {1,6}, {2,3}, {2,6}, {2,7}, {3,7}, {3,8}, {4,6}, {4,8}, {5,7}, {5,8}, {6,8}, {6,9}, {7,9}, {7,10},{8,9};

Custo 3: {1,7}, {1,8}, {2,8}, {3,9}, {3,10}, {4,9}, {4,10};

Custo 4: {1,9}, {1,10}, {2,10}, {5,6}, {5,9}, {5,10}, {6,7}, {6,10}, {9,10};

Custo 5: {7,8};

Na Figura 9.19, a seguir, está representada uma árvore geradora mínima do grafo G, cujo custo é igual a 10.

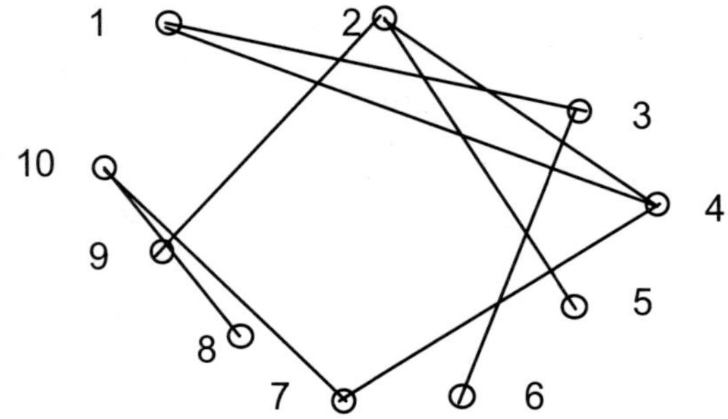

Figura 9.19: Árvore geradora de custo mínimo do Grafo G. Fonte: o autor.

1º Passo: Seja $E_1 = E - \{\{1,2\}\}$.

Logo: E_1 = {Custo 1: {1,3}, {1,4}, {2,4}, {2,5}, {2,9}, {3,4}, {3,5}, {3,6}, {4,5}, {4,7}, {8,10}, Custo 2: {1,2}, {1,5}, {1,6}, {2,3}, {2,6}, {2,7}, {3,7}, {3,8}, {4,6}, {4,8}, {5,7}, {5,8}, {6,8}, {6,9},{7,9}, {7,10},{8,9}, Custo 3: {1,7}, {1,8}, {2,8}, {3,9}, {3,10}, {4,9}, {4,10}, Custo 4: {1,9}, {1,10}, {2,10}, {5,6}, {5,9}, {5,10}, {6,7}, {6,10}, {9,10}, Custo 5: {7,8}}.

2º Passo: Determinar a vizinhança de W com menores custos:

Começando pelo vértice 1, teremos:

N (v_1) = {3,4}. As arestas {1,3} e {1,4} têm custo 1;

Analogamente, teremos para o vértice 2:

N (v_2) = {4,5,7}. As arestas {2,4}, {2,5} e {2,7} têm custo 1;

Assim, o subconjunto de possíveis "galhos" da árvore T é E_2 = {{1,3}, {1,4}, {2,4}, {2,5}, {2,7}} e N(W) = {3,4,5,7}.

Temos 2 (duas) escolhas entre os vizinhos de v_1: se a escolha for o vértice 3, temos 3 (três) possíveis escolhas entre os vizinhos de v_2 : 4,5 ou 7; se a escolha for o vértice 4, temos 2(duas) possíveis escolhas entre os vizinhos de v_2 : 5 ou 7.

Qualquer que seja a escolha feita para o subconjunto de "galhos" da árvore T, o somatório dos custos das duas arestas escolhidas será ***sempre igual a 2***.

Esses subconjuntos de "galhos" de árvore possíveis, são os seguintes:

{{1,3}, {2,4}}, {{1,3}, {2,5}}, {{1,3}, {2,7}}, {{1,4}, {2,5}}, {{1,4}, {2,7}}, e estão representados na Figura 9.20, a seguir.

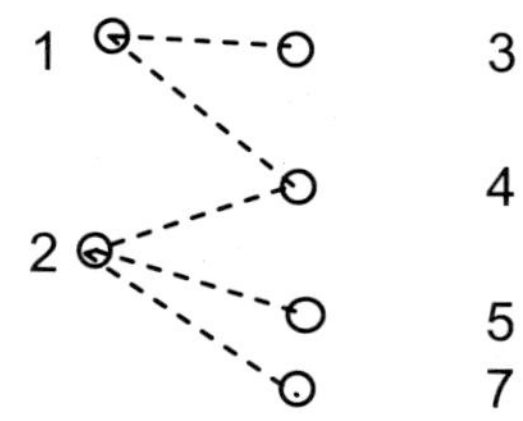

Figura 9.20: subconjuntos de "galhos" de árvore possíveis. Fonte: o autor.

Desse modo, a melhor maneira de prosseguir é determinar uma árvore geradora de custo mínimo T_1 no grafo abrangente de V_1.

3º Passo: Obter uma árvore geradora de custo mínimo obtida do grafo abrangente em $G_1 = (V_1, E_3)$, sendo $V_1 = \{3,4,5,6,7,8,9,10\}$ e E_3 = {Custo 1: {3,4}, {3,5}, {3,6}, {4,5}, {4,7}, {8,10}, Custo 2: {3,7}, {3,8}, {4,6}, {4,8}, {5,7}, {5,8}, {6,8}, {6,9}, {7,9}, {7,10}, {8,9}, Custo 3: {3,9}, {3,10}, {4,9}, {4,10}, Custo 4: {5,6}, {5,9}, {5,10}, {6,7}, {6,10}, {9,10}, Custo 5: {7,8}}. A árvore é mostrada na Figura 9.21, a seguir, e o seu custo é igual a 9.

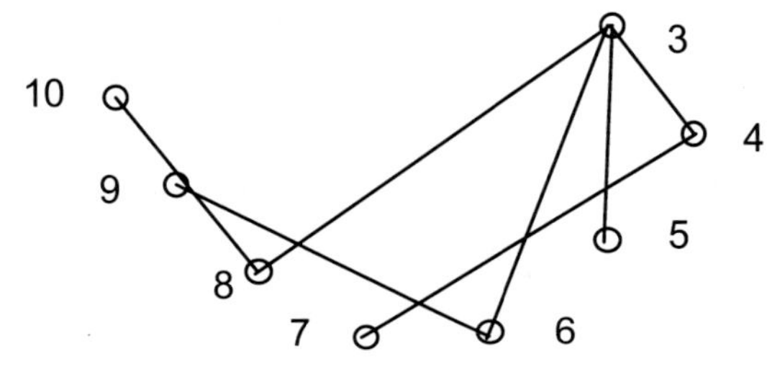

Figura 9.21: Árvore geradora abrangente, de custo igual a 9. Fonte: o autor.

Passo 4: Os vértices da árvore e que não estão em N (W) não têm, todos, grau igual a 2, como pode ser visto na Figura 9.22, a seguir.

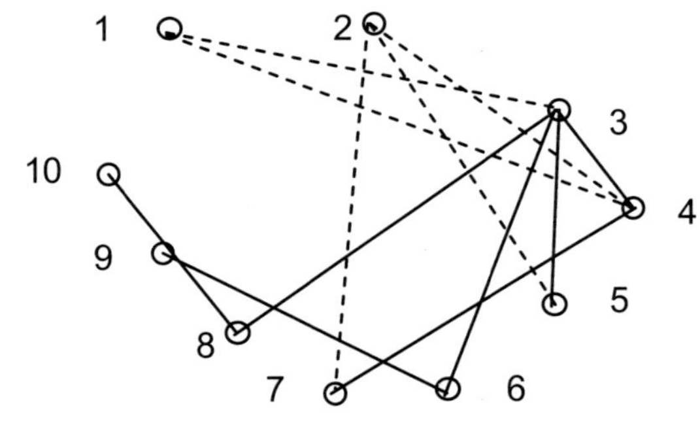

Figura 9.22: Árvore em que nem todos os vértices têm grau igual a 2. Fonte: o autor.

Assim, é preciso fazer trocas de arestas de modo a garantir vértices folha unicamente em W. Façamos a análise por etapas.

Primeiramente, suponha que a escolha do vizinho do vértice 1 seja o vértice 3. Temos a seguinte situação:

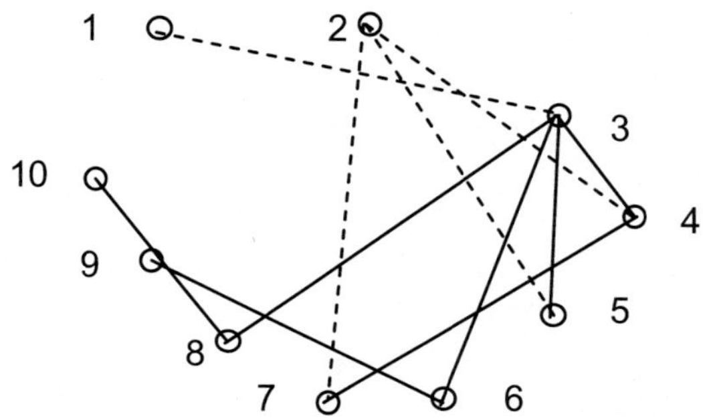

Figura 9.23: Árvore em que nem todos os vértices têm grau igual a 2. Fonte: o autor.

Não seria o caso de procurar um caminho hamiltoniano com vértices terminais em: (a) 3 e 4; (b) 3 e 5 e (c) 3 e 7?

Agora, suponha que a escolha do vizinho do vértice 1 seja o vértice 4. Temos a seguinte situação:

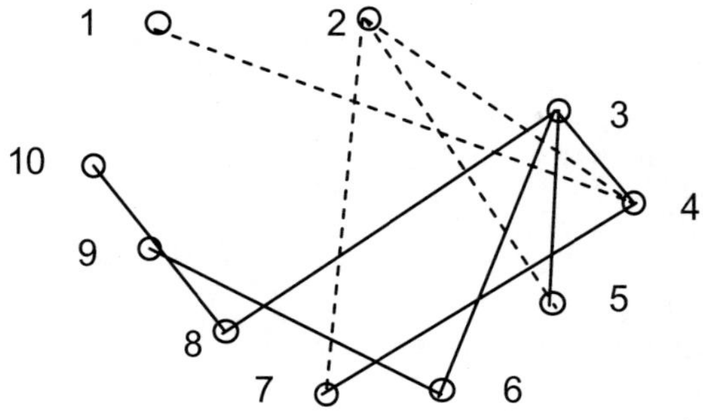

Figura 9.24: Árvore em que nem todos os vértices têm grau igual a 2. Fonte: o autor.

Não seria o caso de procurar um caminho hamiltoniano com vértices terminais em: (a) 4 e 5 e (b) 4 e 7?

Problema 6: Considere o grafo G abaixo, conexo e completo, com os custos das arestas indicadas ao lado. Determinar uma árvore geradora de peso mínimo T que em W = {2,4}, tenha seus únicos vértices folhas.

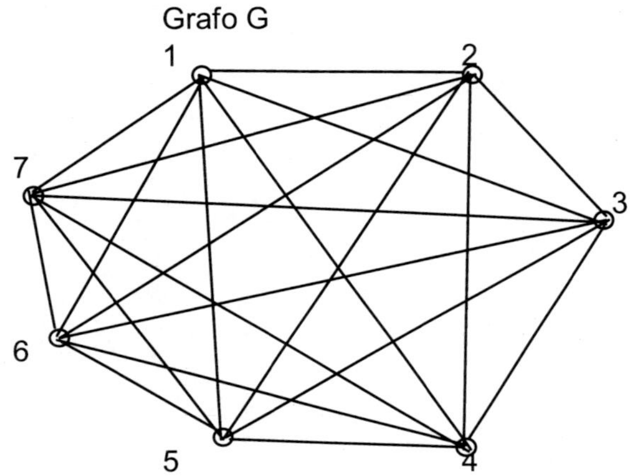

{1,2}1	{3,4}1
{1,3}2	{3,5}2
{1,4}1	{3,6}2
{1,5}1	{3,7}2
{1,6}2	{4,5}2
{1,7}2	{4,6}2
{2,3}1	{4,7}2
{2,4}2	{5,6}4
{2,5}2	{5,7}2
{2,6}2	{6,7}3
{2,7}2	

Figura 9.25: Grafo G com os custos das arestas. Fonte: o autor

1ºPasso: Seja E_1 = E – {{2,4}}. Logo:

E_1 = {{1,2}, {1,3}, {1,4}, {1,5}, {1,6}, {1,7}, {2,3}, {2,5}, {2,6}, {2,7}, {3,4}, {3,5}, {3,6}, {3,7}, {4,5}, {4,6}, {4,7}, {5.6}, {5,7}, {6,7}}.

As arestas, ordenadas por custos, temos:

Custo 1: {1,2}, {1,4}, {1,5}, {2,3}, {3,4}; Custo 2: {1,3}, {1,6},{1,7} ,{2,5}, {2,6},{2,7},{3,5}, {3,6}, {3,7}, {4,5}, {4,6}, {4,7}, {5.7}; Custo 3: {6,7}; Custo 4: {5,6}.

2º Passo: Determinar a vizinhança de W com menores custos:

Temos:

N (v_2) = {1,3}. As arestas {2,1} e {2,3} têm custo 1;

N (v_4) = {1,3}. As arestas {4,1} e {4,3} têm custo 1;

Assim, o subconjunto de possíveis "galhos" da árvore T é E_2 = {{2,1}, {2,3}, {4,1}, {4,3}} e N (W) = {1,3}.

Temos 2 (duas) escolhas entre os vizinhos de v_2 e 2(duas) entre os vizinhos de v_4, mas não podemos escolher um só vértice de N (W) para vizinho dos vértices de W pois esse vértice terá grau igual a 3 e algum outro vértice de V_1 será vértice folha, o que não é desejado.

Assim, totalizamos 2 = 4 – 2 escolhas possíveis do subconjunto de 2 (dois) "galhos" da árvore T a ser obtida (os subconjuntos de "galhos" da árvore T: {{2,1}, {4,1}} e {{2,3}, {4,3}} não podem ser escolhidos).

Qualquer que seja a escolha feita para o subconjunto de "galhos" da árvore T, o somatório dos custos das duas arestas escolhidas será ***sempre igual a 2***.

Esses subconjuntos de "galhos" de árvore possíveis, são os seguintes: {{2,1}, {4,3}} ou {{2,3}, {4,1}}, e estão representados na Figura 9.26.

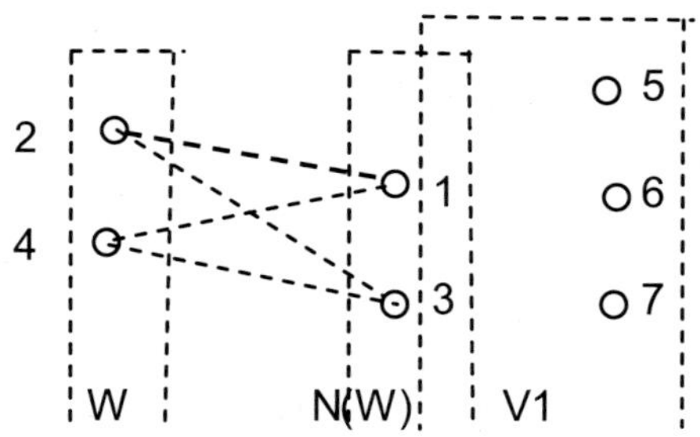

Figura 9.26: Subconjuntos de "galhos" possíveis. Fonte: o autor

3º Passo: Obter uma árvore geradora de custo mínimo no grafo abrangente $G_1 = (V_1, E_1)$, onde E_1 = {{1,5}1, {1,3}2, {1,6}2, {1,7}2, {3,5}2, {3,6}2, {3,7}2, {5,6}4, {5,7}2, {6,7}3} (o valor ao lado, na indicação da aresta, é seu custo).

A aresta {1,5} necessariamente fará parte da árvore vez que seu custo é igual a 1. As arestas {5,6} e {6,7} devem ser evitadas, por terem custo iguais a 4 e 3, respectivamente.

As demais arestas têm custos iguais a 2 e, portanto, poderão ser escolhidas somente para atender à condição dos vértices 5, 6 e 7 terem, ambos, grau igual a 2. A situação é mostrada na Figura 9.27, a seguir.

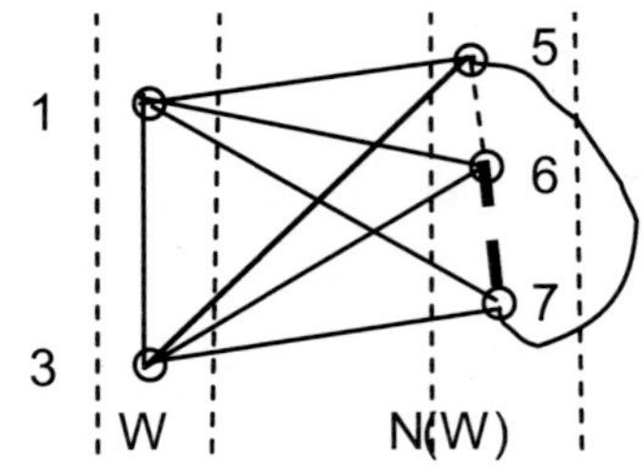

Figura 9.27: Árvore que atende à condição do problema. Fonte: o autor

Se optarmos pela escolha da aresta {5,7}, pois, tem custo mínimo na clique dos vértices 5, 6 e 7, somos levados à escolha das arestas {6,7} de custo 3 e {6,3} de custo 2, totalizando o custo da árvore como: 1+2+3+2 = 8.

Por outro lado, se a escolha fosse das arestas {5,6}, {6,7} e {7,3}, o custo da árvore seria de: 1+4+3+2 = 10.

Logo, a árvore escolhida em G_1 deve ser aquela representada na Figura 9.28, a seguir, por linhas contínuas, e que tem custo igual a 8.

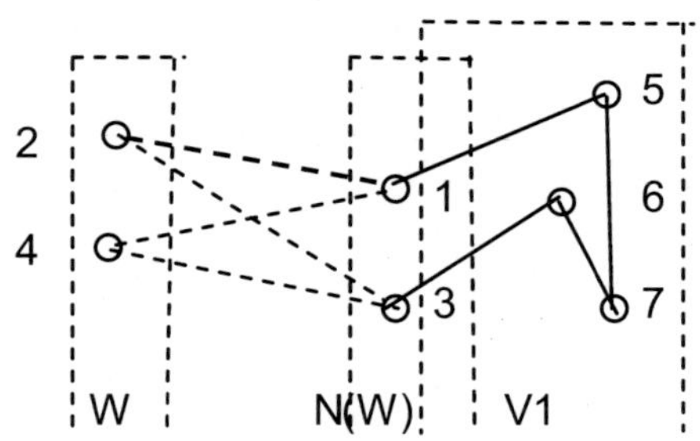

Figura 9.28: Árvores escolhidas, com linhas contínuas. Fonte: o autor

Assim, qualquer que seja a escolha do subconjunto de "galhos" da árvore T o custo para obter-se a árvore T atendendo à condição do problema será igual a 2 + 8 = 10. O custo da árvore atendendo à condição do problema é maior em quatro unidades do que o custo da árvore geradora mínima do grafo que é igual a 6.

Problema 7: Considere o grafo G abaixo, Figura 9.29, conexo e completo, com os custos das arestas indicadas ao lado. Determinar uma árvore geradora de peso mínimo T que em W = {3,5,6}, tenha seus únicos vértices folhas.

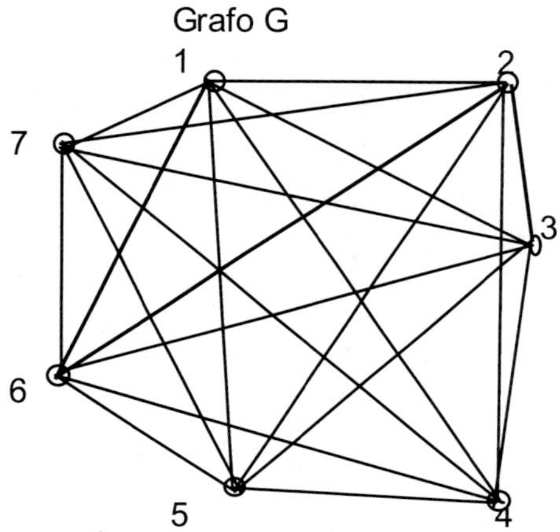

{1,2}1 {3,6}2
{1,4}1 {3,7}2
{1,5}1 {4,5}2
{1,6}1 {4,6}2
{2,3}1 {4,7}2
{3,4}1 {5,7}2
{1,3}2 {6,7}3
{1,7}2 {5,6}4
{2,4}2
{2,5}2
{2,6}2
{2,7}2
{3,5}2

Figura 9.29: Grafo G com os custos das arestas. Fonte: o autor

1º Passo: Seja E_1 = E – {{3,5}, {3,6}, {5,6}}. Logo:
E_1 = {Custo 1: {1,2}, {1,4}, {1,5}, {1,6},{2,3}, {3,4}; Custo 2: {1,7}, {2,4},{2,5}, {2,7},{2,6}, {3,1}, {3,7},{4,5},{4,6},{4,7},{5,7}; Custo 3: {6,7}}.

2º Passo: Determinar a vizinhança de W com menores custos:

Temos:

N (v_3) = {2,4}. As arestas {2,3} e {4,3} têm custo 1;

N (v_5) = {1}. A aresta {1,5} tem custo 1;

N (v_6) = {1}. A aresta {1,6} tem custo 1;

Assim, o subconjunto de possíveis “galhos” da árvore T é E_2 = {{2,3}, {4,3}, {5,1}, {6,1}} e N (W) = {1,2,4}.

3º Passo:

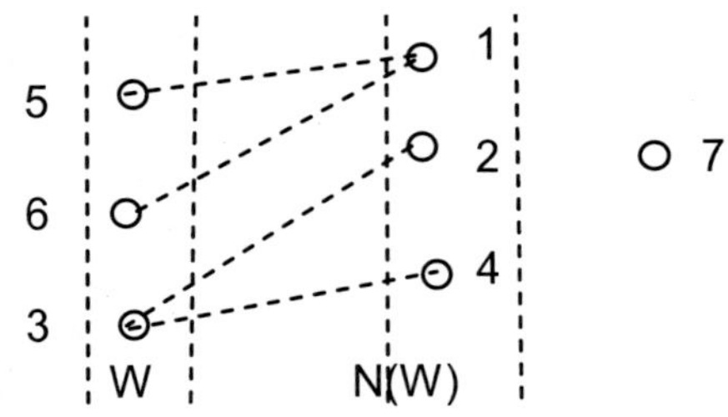

Figura 9.30: Subconjuntos de "galhos" possíveis. Fonte: o autor

Temos então 2 (duas) opções de escolha em função da adjacência do vértice 3, indicadas na Figura 9.31, a seguir:

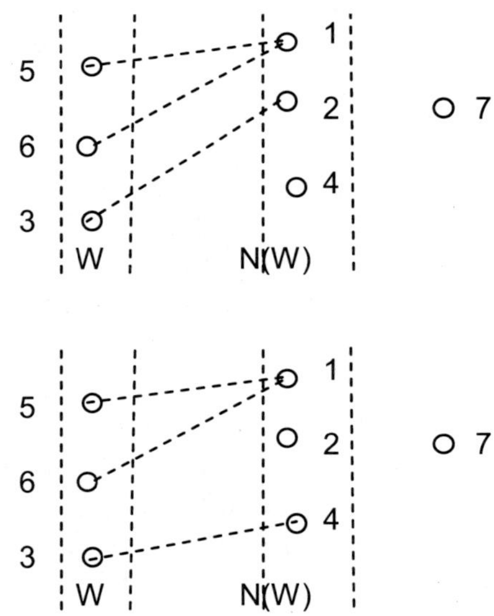

Figura 9.31: Subconjuntos de "galhos" possíveis. Fonte: o autor

Uma árvore geradora de custo mínimo no garfo abrangente $G_1 = (V_1, E_3)$ é mostrada na Figura 9.32, abaixo, com custo igual a 4:

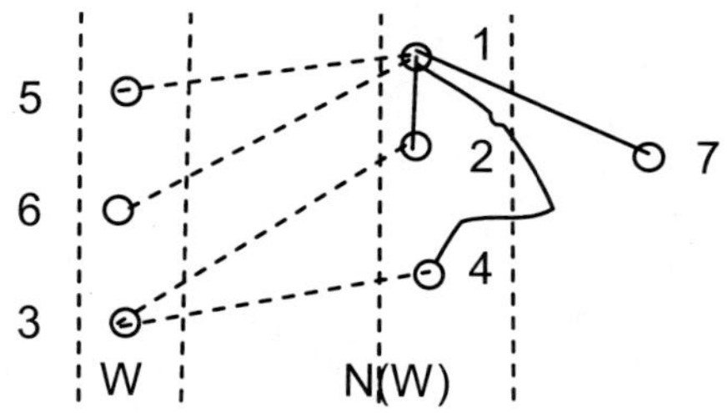

Figura 9.32: Árvore geradora de custo mínima. Fonte: o autor

Temos então:

a)

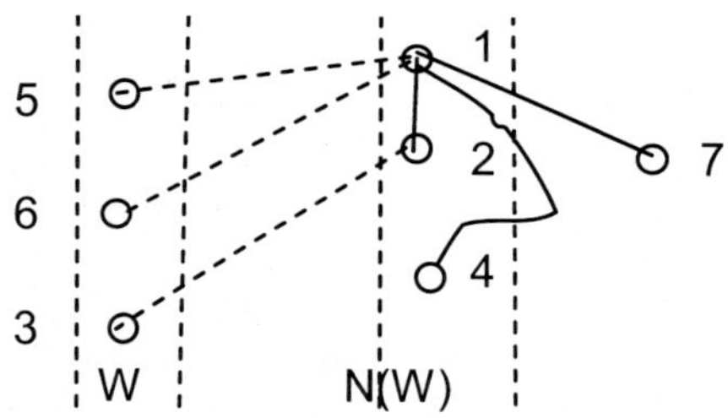

Figura 9.33: Árvore geradora de custo mínima. Fonte: o autor

Transformando a árvore de modo que os vértices que estão fora de W tenham grau mínimo igual a 2, obtém-se:

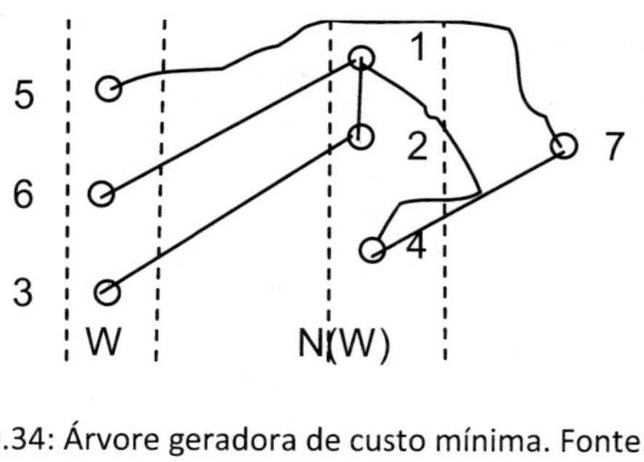

Figura 9.34: Árvore geradora de custo mínima. Fonte: o autor

O custo final dessa árvore é igual 8.

b)

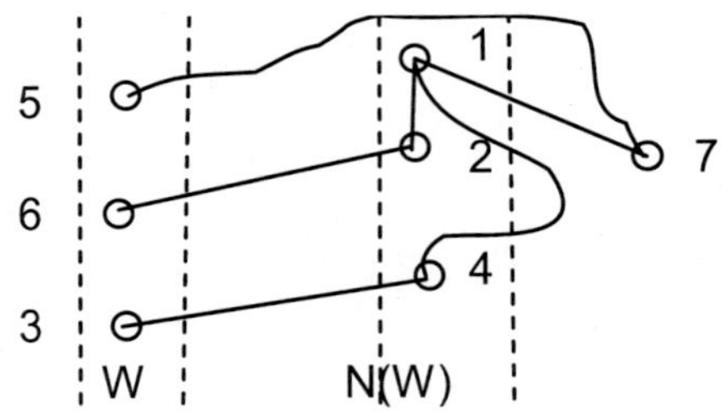

Figura 9.35: Árvore geradora de custo mínima. Fonte: o autor.

O custo final dessa árvore é igual a 9.

Assim, a árvore que atende à condição imposta pelo problema é a árvore do item a), com o custo de 8.

Problema 8: Considere o grafo G abaixo, conexo e completo, com os custos das arestas indicadas ao lado. As arestas indicadas com custo x têm um custo bastante elevado. Determinar uma árvore geradora de peso mínimo T que tenha W = {1,2}.

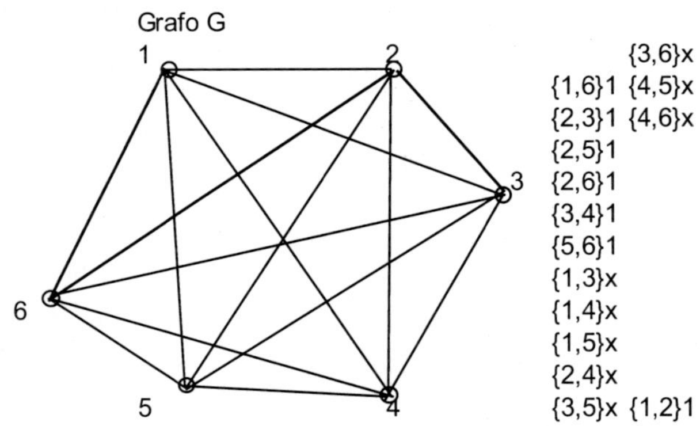

Figura 9.36: Grafo G com os custos das arestas. Fonte: o autor

1º Passo: Seja $E_1 = E - \{\{1,2\}\} = \{\{1,6\}, \{2,3\}, \{2,5\}, \{2,6\}, \{3,4\}, \{5,6\}, \{1,3\}, \{1,4\}, \{1,5\}, \{2,4\}, \{3,5\}, \{3,6\}, \{4,5\}, \{4,6\}\}$.

Uma árvore geradora mínima desse grafo tem custo igual a 5 e está representada na Figura 9.37, a seguir.

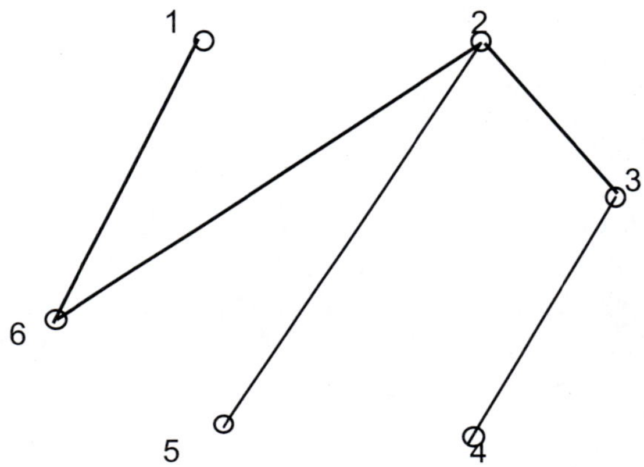

Figura 9.37: Árvore geradora mínima. Fonte: o autor

2º Passo: Determinar a vizinhança de W com menores custos:

Começando pelo vértice 1, teremos: N $(v_1) = \{6\}$. A aresta {6,1} tem custo 1;

Analogamente, teremos para o vértice2: N $(v_2) = \{3,5,6\}$. As arestas {2,3}, {2,5} e {2,6} têm custo 1;

Assim, o subconjunto de possíveis "galhos" da árvore T é $E_2 = \{\{6,1\}, \{2,3\}, \{2,5\}, \{2,6\}\}$ e N (W) = {3,5,6}.

Temos 1 (uma) escolha entre os vizinhos de v_1 e 3 (três) entre os vizinhos de v_2, mas não podemos escolher um só vértice de N (W) para vizinho dos vértices de W pois, daí, o outro vértice da vizinhança teria grau igual a 1 (ou outro vértice de V_1 fora da vizinhança N (W)).

Assim, totalizamos 3 escolhas possíveis do subconjunto de 4 (quatro) "galhos" da árvore T a ser obtida. Qualquer que seja a escolha feita para o subconjunto de "galhos" da árvore T, o somatório dos custos das duas arestas escolhidas será ***sempre igual a 2***.

Esses subconjuntos de "galhos" de árvore possíveis, são os seguintes: {{6,1}, {2,3}} ou {{6,1}, {2,5} ou {{6,1}, {2,6}}, e estão representados na Figura 9.38, a seguir.

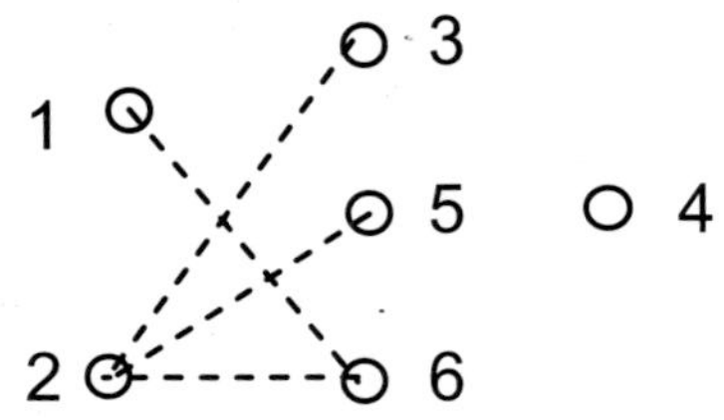

Figura 9.38: Subconjuntos de "galhos" de árvore possíveis. Fonte: o autor

3º Passo: Obter uma árvore geradora de custo mínimo obtida do grafo abrangente em $G_1 = (V_1, E_1)$, onde $V_1 = \{3,4,5,6\}$ e $E_1 = \{\{3,4\}1, \{5,6\}1, \{3,5\}x, \{3,6\}x, \{4,5\}x, \{4,6\}x\}$ e o valor a seguir da indicação da aresta é seu custo.

As arestas {3,4} e {5,6} necessariamente farão parte da árvore, uma vez que seus custos são iguais a 1. As demais arestas têm custo iguais a x e, portanto, poderão ser escolhidas somente para atender à condição dos vértices 4 e (3 ou 5) terem, ambos, no mínimo grau igual a 2.

Uma árvore geradora mínima nos vértices restantes, ou seja: 3, 4, 5 e 6, cujo **custo é igual a x + 2**, é dada pelas arestas escuras, mostradas na Figura 9.39, abaixo:

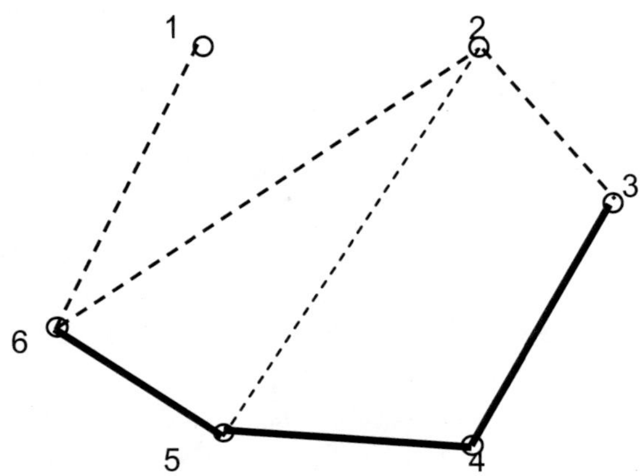

Figura 9.39: Árvore geradora mínima. Fonte: o autor

Observe que com a escolha da aresta {2,3}, já teremos a árvore geradora mínima atendendo às condições do problema. Isso implica que o somatório dos custos da árvore obtida será ***sempre igual a 2 + (x + 2) = x + 4***. A árvore solução do problema é representada na Figura 9.40, a seguir:

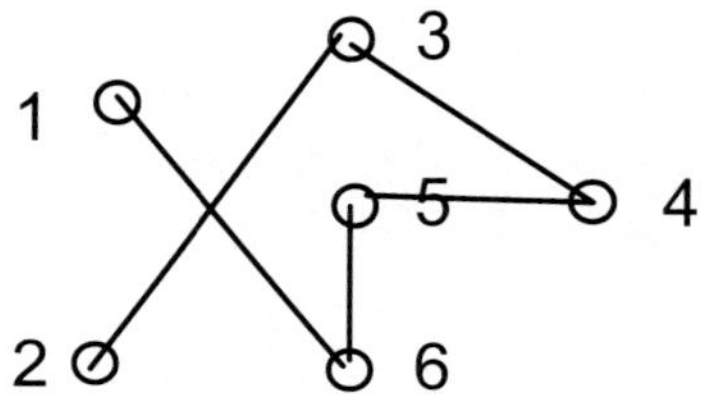

Figura 9.40: Árvore geradora solução. Fonte: o autor

A árvore obtida teve seu custo aumentado em x + 4 – 5 = x – 1 unidades em relação à árvore geradora mínima do grafo G dado.

Observação: Note que, se a escolha de W fosse W = {4,5,6} ou W = {4,6}, a árvore geradora mínima do grafo atenderia às condições com o custo de 5. Isso pode ser visto a partir da análise da Figura 9.41, a seguir, onde são representadas todas as arestas de custos iguais a 1 (menores custos).

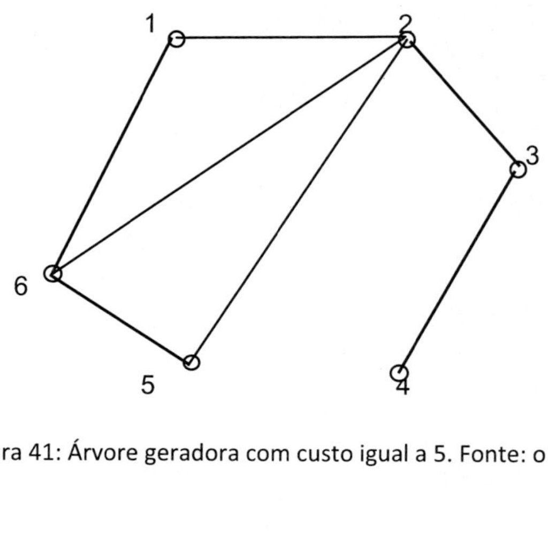

Figura 41: Árvore geradora com custo igual a 5. Fonte: o autor

Se o problema fosse determinar a árvore cujos vértices folha fossem apenas os vértices 4, 5 e 6, bastaria proceder à retirada das arestas {2,6} e {5,6}.

Por outro lado, bastaria retirar as arestas {2,5} e {2,6} para obter a árvore tendo como folhas somente os vértices 4 e 5. Note também que não há outra opção de escolha de vértices em W de modo a obter a árvore geradora mínima do grafo.

Problema 9: Considere o grafo G = (V, E) abaixo, conexo e completo, com os custos das arestas indicadas ao lado. Determinar todos os subconjuntos de vértices de V que podem ser escolhidos de modo que uma árvore geradora de peso mínimo T tenha somente esses vértices como folhas.

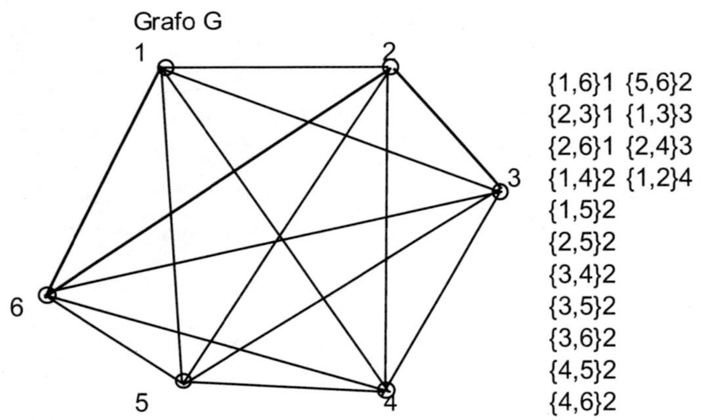

Figura 9.42: Grafo G com os custos das arestas. Fonte: o autor

Uma árvore geradora mínima desse grafo terá de conter, necessariamente, as 3 (três) arestas indicadas na Figura 9.43, abaixo, onde o somatório dos custos dessas arestas é igual a 3.

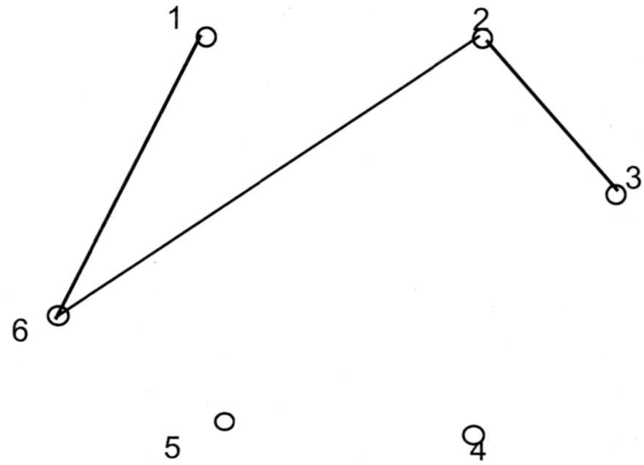

Figura 9.43: Árvore geradora mínima. Fonte: o autor

Como os vértices 1 e 3 já são vértices folha, a escolha das adjacências para os vértices 4 e 5 (com ambas as arestas de custo igual a 2), determinará as possíveis e diferentes árvores geradoras mínimas do grafo atendendo às restrições e, assim, toda árvore terá custo mínimo igual a 7.

A seguir, temos os diferentes conjuntos W que poderiam ser tomados de modo a obter uma árvore geradora com custo total igual ao da árvore geradora mínima do grafo G, e que atenda às condições de terem somente estes vértices como vértices folha.

Arestas adjacentes ao vértice 4 e de menor custo: {4,1}, {4,3}, {4,5}, {4,6};

Arestas adjacentes ao vértice 5 e de menor custo: {5,1}, {5,2}, {5,3}, {5,4}, {5,6}.

{4,1} e {5,1}, W = {3,4,5};
{4,1} e {5,2}, W = {1,4};
{4,1} e {5,3}, W = {4,5};
{4,1} e {5,4}, W = {3,5};
{4,1} e {5,6}, W = {3,5};
{4,3} e {5,1}, W = {4,5};
{4,3} e {5,2}, W = {1,3,4};
{4,3} e {5,3}, W = {1,4,5};
{4,3} e {5,4}, W = {1,5};
{4,3} e {5,6}, W = {1,4,5};
{4,5} e {5,1}, W = {3,4};

{4,5} e {5,2}, W = {1,4,5};
{4,5} e {5,3}, W = {1,4};
{4,5} e {5,6}, W = {1,3,4};
{4,6} e {5,1}, W = {3,4,5};
{4,6} e {5,2}, W = {3,4,5};
{4,6} e {5,3}, W = {1,4,5};
{4,6} e {5,4}, W = {1,3,5};
{4,6} e {5,6}, W = {1,3,4,5}.

A seguir, temos diferentes exemplos de árvores, Figura 9.44:

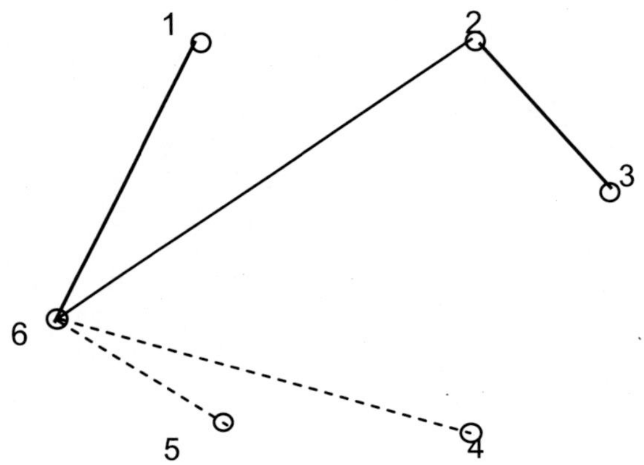

W = {1,3,4,5}

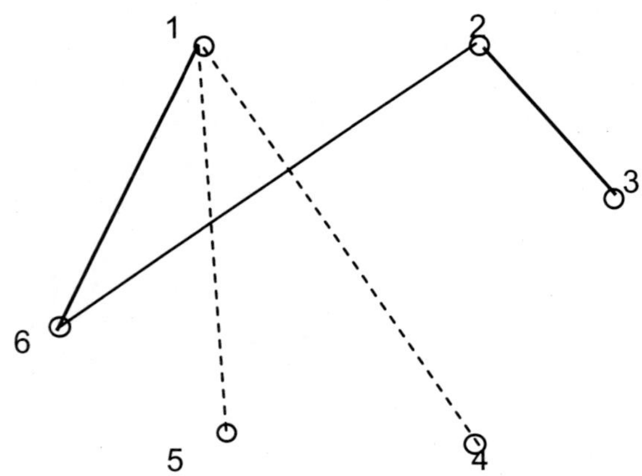

W = {3,4,5}

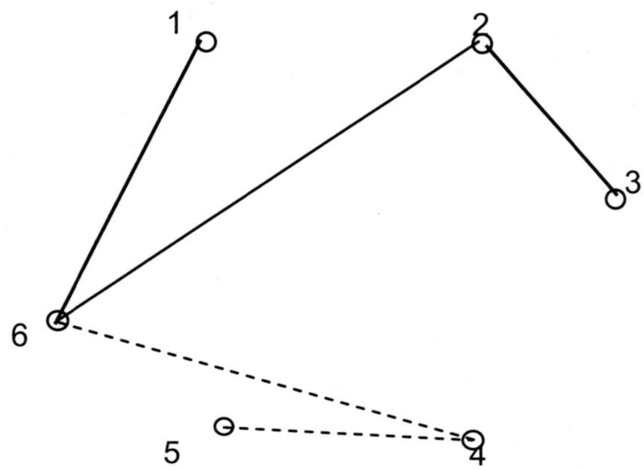

W = {1,3, 5}

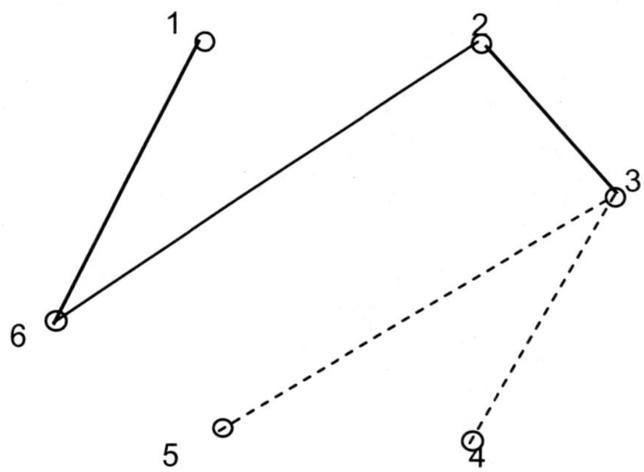

W = {1,4,5}

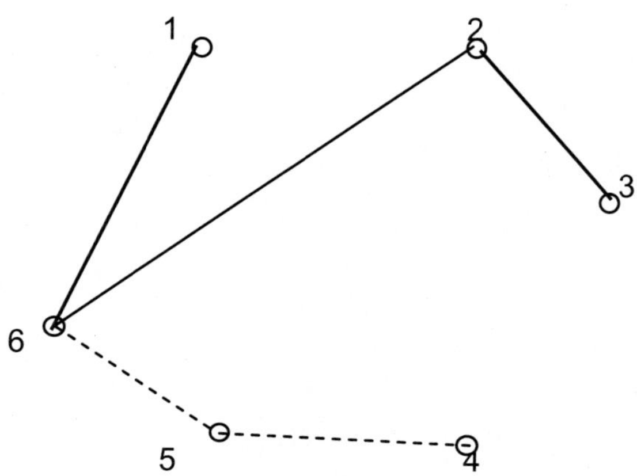

W = {1,3,4}

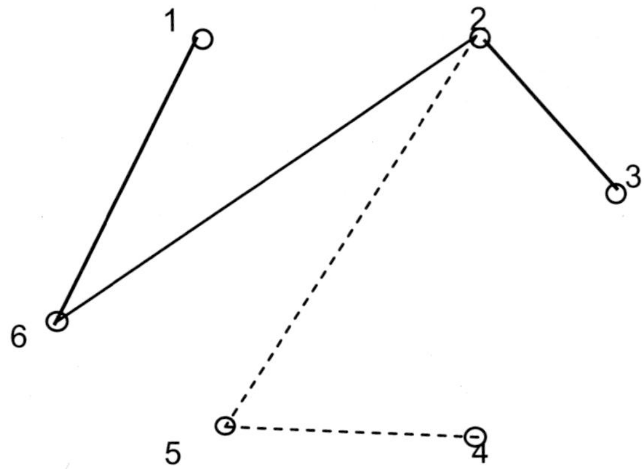

Figura 9.44: Diferentes árvores. Fonte: o autor.

Tomemos, como ilustração, a determinação da árvore que tenha somente os vértices 1, 3 e 4 como vértices folha.

Os vizinhos de menor custo dos referidos vértices são:

V (v_1) = {6}. Então a aresta {1,6} tem custo 1;

V (v_3) = {2}. Então a aresta {3,2} tem custo 1;

V (v_4) = {5,6}. Então as arestas {4,5} e {4,6} têm custo 2;

Os galhos de árvore estão representados na Figura 9.45, a seguir, (custos iguais a 1 pontilhados e custos iguais a 2 em linha contínua).

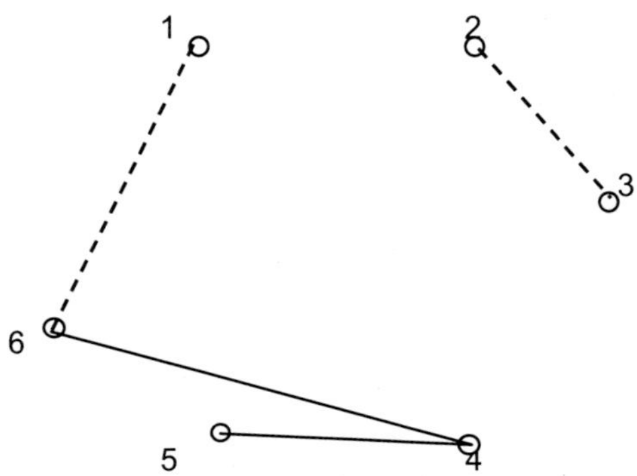

Figura 9.45: Diferentes árvores. Fonte: o autor.

As possíveis árvores geradoras mínimas no subgrafo induzido Por V1 = {2,5,6} estão assinaladas em linha grossa, na Figura 9.46, a seguir, pois a aresta {2,6} tem custo igual a 1 e está presente nas duas árvores.

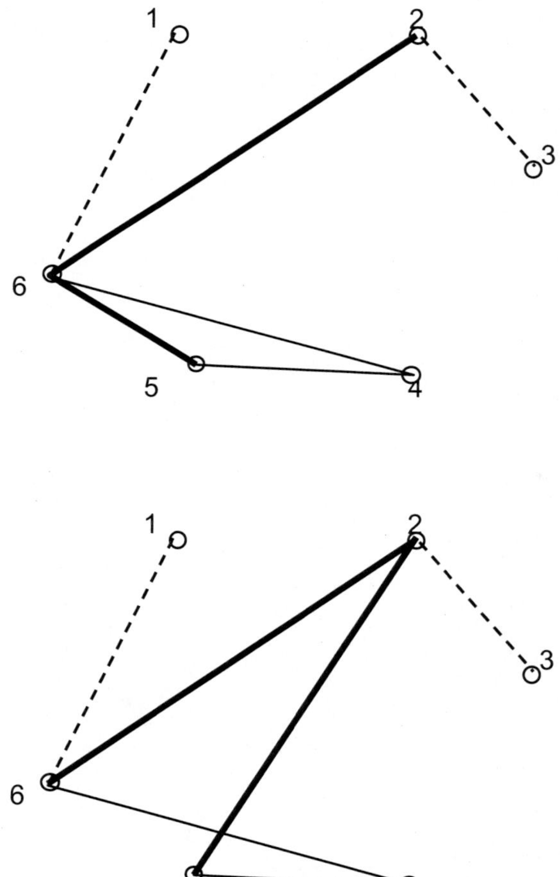

Figura 9.46: Diferentes árvores geradoras mínimas. Fonte: o autor.

Em ambos os casos só será possível a escolha da aresta {4,5} para obtermos a árvore geradora mínima atendendo às condições impostas.

9.2. Um procedimento padrão para a obtenção da árvore geradora de custo mínimo em um grafo conexo, atendendo à imposição de conter o maior conjunto de vértices folha escolhidos a priori pode ser como o descrito a seguir:

1º Passo: Representar todas as arestas de menor custo do grafo;

2º Passo: Desfazer os possíveis ciclos existentes entre essas arestas, retirando qualquer uma das arestas no ciclo;

3º Passo: Escolha as arestas de menor custo que tenham extremidades nos vértices do subgrafo trivial e que não formem ciclos com as arestas anteriormente escolhidas;

4º Passo: Está formada a árvore geradora mínima com o maior número possível de vértices folha.

Problema 10: Considere o grafo G abaixo, conexo e completo, com os custos das arestas indicadas ao lado, mostrados na Figura 9.47, a seguir. Determinar uma árvore geradora de peso mínimo T que tenha W ={2,4,5} como únicos vértices folhas.

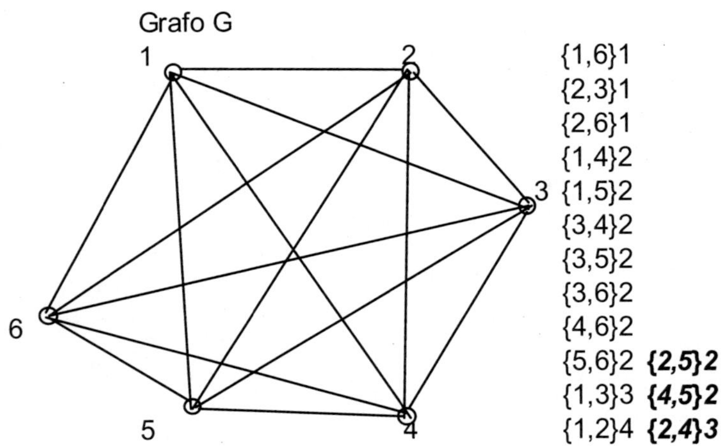

Figura 9.47: Grafo G, conexo, e os custos de suas arestas. Fonte: o autor.

Uma árvore geradora mínima desse grafo tem custo igual a 7 e está representada na Figura 9.48, a seguir.

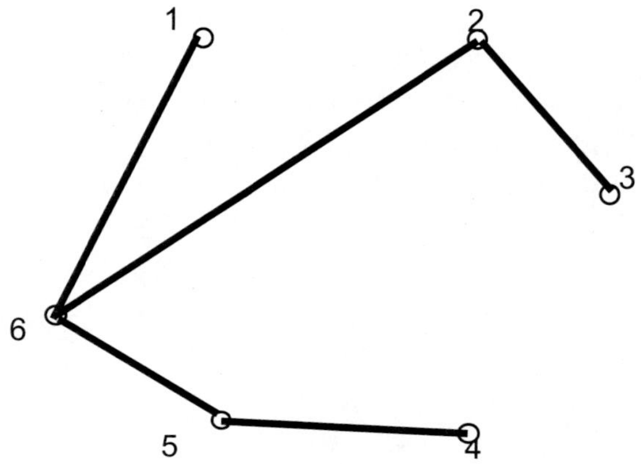

Figura 9.48: Árvore geradora mínima do Grafo G, conexo. Fonte: o autor.

1º Passo:

Seja E_1 = E - {{2,4}, {2,5}, {4,5}} = {{{1,2}, {1,3}, {1,4}, {1,5}, {1,6}, {2,3}, {2,6}, {3,4}, {3,5}, {3,6}, {4,6}, {5.6}}. Têm-se as arestas ordenadas por custo:

Custo 1: {1,6 },{2,3}, {2,6};

Custo 2:{{1,4 },{1,5 },{3,4},{3,5},{3,6},{4,6},{5,6}};

Custo 3: {1,3};

Custo 4: {1,2}.

2º Passo: Determinar a vizinhança de W com menores custos:

Começando pelo vértice 2, teremos: N (v_2) = {3,6}. As arestas {{2,3}, {2,6}} tem custo 1;

Analogamente, teremos para o vértice 4: N (v_4) = {1,3,6}. As arestas {4,1}, {4,3} e {4,6} têm custo 2;

Analogamente, teremos para o vértice 5: N (v_5) = {1,3,6}. As arestas {5,1}, {5,3} e {5,6} têm custo 2;

Assim, o subconjunto de possíveis "galhos" da árvore T é E_2 = {{2,3}, {2,6}, {4,1}, {4,3}, {4,6}, {5,1}, {5,3}, {5,6}}e N (W) = {1,3,6}.

Temos 2 (duas) escolhas entre os vizinhos de v_2, 3 (três) escolhas entre os vizinhos de v_4 e 3 (três) entre os vizinhos de v_5, mas não podemos escolher um só vértice de N (W) para vizinho dos vértices de W, pois daí o outro vértice da vizinhança teria grau igual a 1 (ou outro vértice de V_1 fora da vizinhança N(W)).

Assim, totalizamos 18 – 4 = 14 escolhas possíveis do subconjunto de 3 (três) "galhos" da árvore T a ser obtida.

Qualquer que seja a escolha feita para o subconjunto de "galhos" da árvore T, o somatório dos custos das três arestas escolhidas será ***sempre igual a 5***. Esses subconjuntos de "galhos" de árvore possíveis estão representados na Figura 9.49, a seguir:

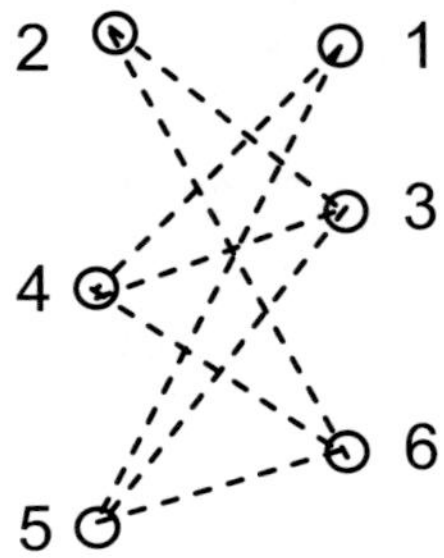

Figura 9.49: Subconjuntos de "galhos" de árvore possíveis. Fonte: o autor.

3º Passo: Obter uma árvore geradora de custo mínimo obtida do grafo abrangente em $G_1 = (V_1, E_1)$, onde $V_1 = \{1,3,6\}$ e $E_1 = \{\{1,3\}3, \{1,6\}1, \{3,6\}2\}$ onde o valor a seguir da indicação da aresta é seu custo. A aresta {1,6} necessariamente fará parte da árvore uma vez que seu custo é igual a 1. A árvore geradora de custo mínimo terá custo igual a 3. Ela está representada na Figura 9.50, a seguir:

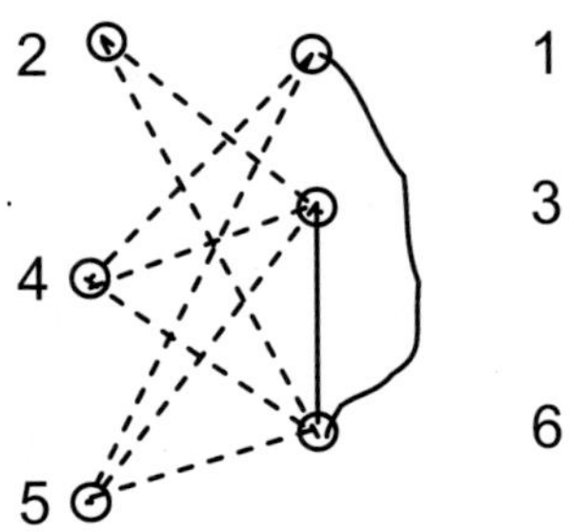

Figura 9.50: Árvore geradora de custo mínimo. Fonte: o autor.

Observe que a escolha da árvore geradora mínima no grafo abrangente cujo conjunto de vértices é dado por {1,3,6}, juntamente com quaisquer que seja a escolha feita para o conjunto de "galhos da árvore" desde que se obtenha a árvore desejada isso implica na obtenção imediata da árvore que atende às condições do problema, pois esses vértices têm adjacências com os vértices folha desejados. Isso também implica que o somatório dos custos da árvore obtida será ***sempre igual a 5 + 3 = 8***.

Assim, as árvores representadas na Figura 9.51, a seguir, atendem às condições do problema.

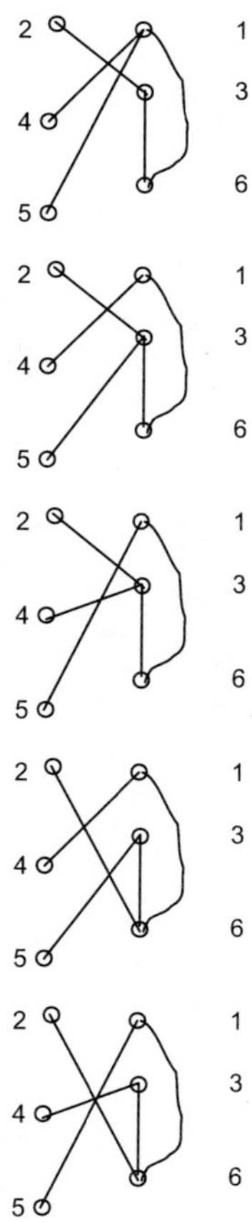

Figura 9.51: Árvores que atendem às condições do problema. Fonte: o autor.

Importante observar que qualquer que seja a árvore escolhida, dentre as mostradas acima, ela teve o seu custo aumentado em uma unidade em relação à árvore geradora mínima do grafo G dado.

Observação: Se a escolha dos vértices folha desse grafo fossem os vértices 1, 3 e 4, a árvore geradora mínima do grafo atenderia às condições e com o mínimo custo possível.

Portanto, surge a seguinte questão a ser respondida:

"Dado um grafo conexo e completo, como proceder para escolher um conjunto de vértices folha, de modo a obter uma árvore geradora com custo mínimo igual ao custo da árvore geradora mínima do grafo, e que tenha somente esses vértices como vértices folhas"?

Vamos tratar dessa questão, a seguir.

A ideia é partir das arestas de custo mínimo que poderão participar da árvore, pois elas farão parte de qualquer árvore geradora mínima que se queira a menos da formação de ciclo ou ciclos.

Vamos considerar o grafo do exemplo anterior. Assim, a árvore com as arestas de custo mínimo está indicada na Figura 9.52, a seguir:

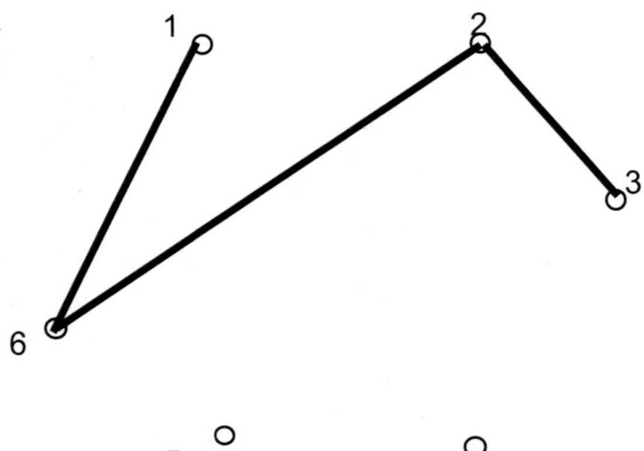

Figura 9.52: Árvore com as arestas de custo mínimo. Fonte: o autor.

O somatório dos custos das arestas dessa árvore é igual a 3.

Observando a Figura 9.52, acima, têm-se que os vértices 1 e 3 poderão fazer parte do conjunto W, pois já são vértices folhas.

Agora, dentre as demais arestas do grafo, seleciona-se as arestas de menores custos e que podem fazer parte da árvore (não criam ciclos com as arestas já anteriormente escolhidas) e com o maior número possível de vértices folha, levando em conta os vértices folha já anteriormente escolhidos (no nosso caso, os vértices 1 e 3).

Por exemplo, as escolhas dos vértices 5 e 6, como indicados nas arestas tracejadas da Figura 53, a seguir, atendem à condição.

Assim, conjuntos de vértices folha como {1,3,4,5} ou {1,3,4} ou {1,3,5} ou {1,4,5} ou {3,4,5} atendem à condição de serem vértices folha com a árvore obtida sendo cada uma das arvores assim formada - uma árvore geradora mínima do grafo G dado, uma vez que quaisquer pares de arestas escolhidas terão sempre os mesmos custos.

A escolha de dois quaisquer desses pares de arestas aumenta o custo em 4 unidades, totalizando a escolha de árvores geradoras mínimas de custo final igual a 7. Tais árvores estão representadas na Figura 9.53, a seguir:

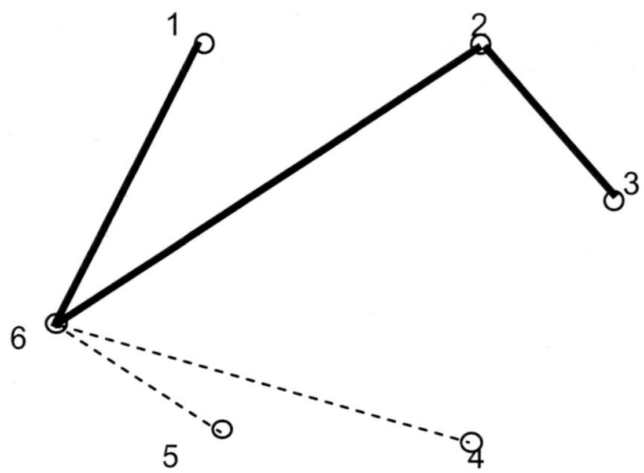

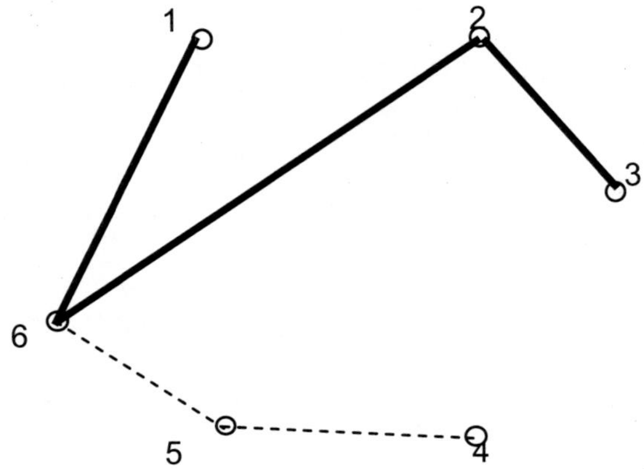
1
2
3
6
5
4

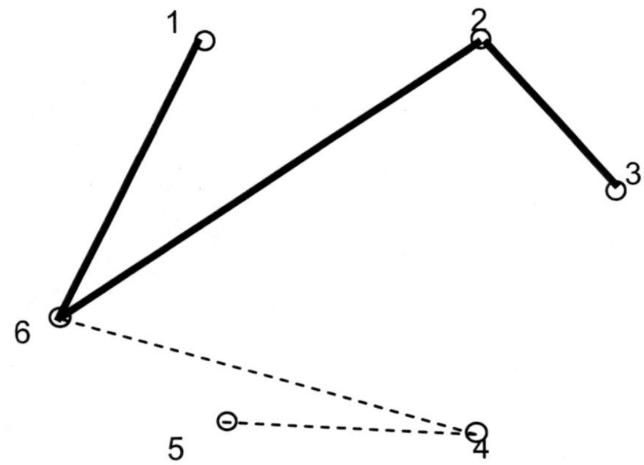
1
2
3
6
5
4

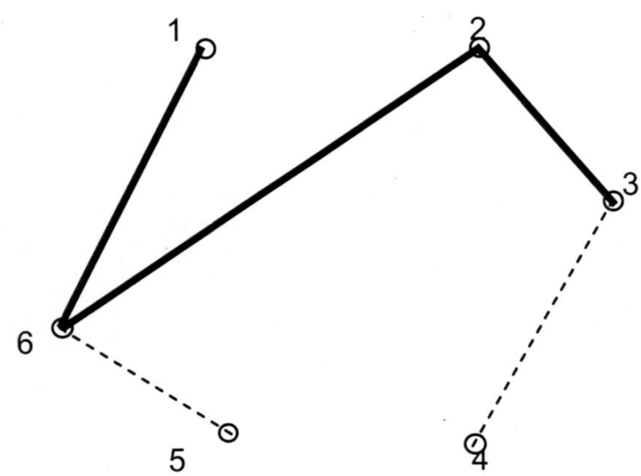
1
2
3
6
5
4

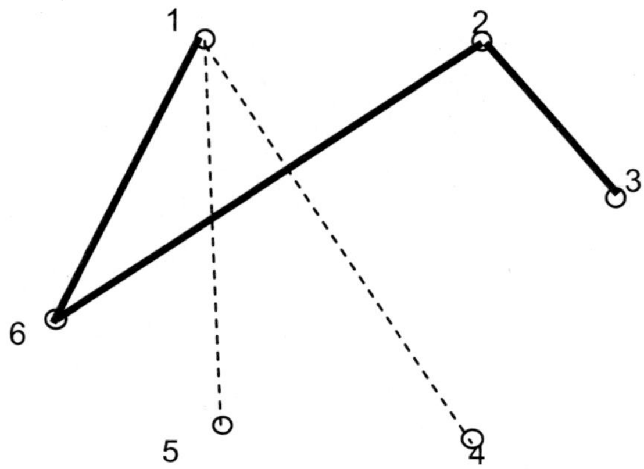

Figura 9.53: Árvores que atendem às condições do problema. Fonte: o autor.

Dentre os problemas que foram apresentados acima, os quais convidamos o leitor para implementar algoritmos que mostrem as soluções que foram obtidas, selecionamos mais dois problemas para os leitores se debruçarem a respeito, quais sejam:

✓ Algoritmo para a geração de Árvores valoradas com peso máximo e raio dado;

✓ Algoritmo para a geração de Árvores que possuam o maior número de vértices com o grau dado, dado o número de vértices e o grau máximo de um vértice ($\Delta = 3$ ou $\Delta = 4$).

CAPÍTULO 10
CONSIDERAÇÕES FINAIS

Um dos mais importantes aspectos no campo de pesquisa onde a matemática é aplicada (física, química, ciência da computação, pesquisa operacional, ciências sociais, biologia e outras) é o de construir um modelo de uma situação concreta de modo a entendê-la melhor e, possivelmente, de influenciá-la.

Quanto às relações estruturais, em inúmeras situações os grafos demonstraram fornecer a ferramenta mais apropriada para estabelecer o modelo matemático.

Esta é uma forte e importante razão, certamente, do por que a Teoria dos Grafos tem se expandido tão rapidamente durante as últimas décadas.

Os grafos são uma fonte inesgotável de problemas teóricos ou aplicados. Em sua grande maioria, os grafos apresentam enunciados de simples entendimento, mas muitas vezes eles escondem uma sofisticada estrutura matemática, na qual eles precisam ser modelados, visto que, vez por outra, suas soluções (nem sempre exatas) exigem difíceis métodos de procura e obtenção.

Tendo um modelo matemático para uma estrutura no mundo real à mão, nos parece natural (e sua performance têm sido bem sucedida, em muitas situações) olhar para variações do modelo (por mudanças que se possa fazer nos parâmetros estruturais) que possivelmente são figuras abstratas de outras ainda desconhecidas estruturas do mundo real.

Desta maneira, segundo Tinhofer (1990), às vezes é possível descobrir novas estruturas inspecionando-se quais modelos estão disponíveis para elas.

Um aspecto diferente, e muito importante atualmente, é a questão da otimalidade (obtenção de soluções ótimas) de alguma estrutura com respeito a diferentes critérios.

De novo, frequentemente, a otimalidade pode ser melhor estudada pela inspeção de todos os modelos adequados que têm as mesmas características típicas.

Pelas razões mencionadas acima, em Teoria dos Grafos e aplicações houve tentativas anteriores de listar e catalogar grafos de um dado tamanho e tipo. Catálogos de grafos podem ser largamente utilizados para uma variedade de propósitos.

Eles fornecem grande quantidade em estoque de grafos, os quais podem ser retirados para amostra sempre que houver necessidade por um pesquisador teórico de grafos com a intenção de estudar e avaliar, com um dado conjunto de grafos em mãos, situações que atendam ao modelo em estudo, ou esses grafos podem ser exaustivamente estudados para estabelecer-se alguma questão, trazendo à tona um contraexemplo ou conjecturas plausíveis.

Já há, inclusive, um software que permite fazer conjecturas sobre grafos.

Entretanto, como o tamanho dos grafos a serem considerados é grande, uma listagem exaustiva é impossível.

Em tais situações, para estudar configurações típicas de grafos ou avaliar o desempenho de um algoritmo em tais configurações, é desejável ser capaz de gerar essas configurações uniformemente aleatórias.

Para grafos rotulados com n vértices, por exemplo, isto é muito simples de fazer: simplesmente escolha as arestas independentemente, com probabilidade 1/(2), para cada.

Entretanto, a situação muda de maneira drástica quando se quer grafos não rotulados ou quando uma certa propriedade do grafo tem de ser necessária (tais como a sua regularidade, hamiltonicidade, etc.). Em tais casos, o problema de geração aleatória não é trivial.

Problemas de geração são fortemente ligados a problemas de contagem. Problemas de contagem têm uma longa e distinta história. O estudo de problemas de contagem como uma classe, de um ponto de vista computacional, entretanto, já foi iniciado por Valiant (1979.1) e Valiant (1979.2] apud Tinhofer (1990), no final dos anos 70.

Segundo Tinhofer (1990), uma abordagem paralela para problemas de geração foi proposta, mais recentemente, por Jerrum, Valiant e Vazirani (1986), e como um dos resultados, foram estabelecidos algoritmos para gerar grafos de certos tipos, aproximadamente uniformemente aleatórios.

Dentre os muitos trabalhos existentes, envolvendo o estudo de árvores, tomamos como início os resultados quantitativos para a obtenção de árvores descritos no trabalho de Moon (1970), e estudar como poderiam ser obtidas árvores geradoras de custo mínimo obtidas em grafos conexos, e que deveriam conter uma quantidade pré-fixada de vértices folha e, uma vez que estas estão rotuladas em função do grafo original rotulado, definir a priori quais seriam esses vértices.

Como um dos problemas que poderiam ser resolvidos segundo uma conveniente heurística ou meta-heurística, pensou-se em um problema de uma determinada empresa que tivesse mapeado o grafo de todos os seus possíveis clientes, e devido à necessidade de atender, de modo rápido e econômico os seus clientes, tivesse que implantar pequenas fábricas e depósitos (em quantidades economicamente viáveis) nos vértices os quais denominamos vértices-folha.

Ora, como obter tal árvore?

Igualmente, cada um dos diferentes problemas de aplicação do universo das Árvores, que foram apresentados no Capítulo 9, também poderiam ser resolvidos por meio da implementação de uma ou mais convenientes heurísticas.

Fica a sugestão para o leitor.

São muitas as respostas que as pesquisas precisam responder, como vimos, de forma breve, ao longo do texto.

Não obstante, o considerável crescimento que se tem constatado nas pesquisas em Teoria dos Grafos, em diferentes segmentos, notadamente no que diz respeito à implementação de modelos e algoritmos, há muito ainda a ser feito.

Oxalá tenhamos resultados surpreendentes já para breve.

REFERÊNCIAS

Bellmore, M.& Malone, J. C., Pathology of traveling salesman subtour elimination algorithms. Oper. Res., v.19, p.278-307, 1971.

Biggs, N.L., Lloyd, E.K. and Wilson, R.J. Graph Theory 1736-1936, Claredon Press, Oxford, 1976.

Boaventura Neto, P.O. Grafos: Teoria, Modelos, Algoritmos, 3 ed., São Paulo, Editora Edgard Blücher, 2003.

Bock, F., "An algorithm for solving "travelling-salesman" and related network optimization problems", 14th ORSA National Meeting, 1958.

Bondy, J.A. e Chvátal, V. A Method in graph theory, Discr.Math.15, 111-136 1976.

Bondy, J.A., Murty, U.S.R. Graph Theory with Applications, London Macmillan,1976.

Boruvka, 0. On a certain minimal problem, Frace Moravske Predovedecke Spolecrosti ,3: 37-58,1926.

Carvalho, P.C.P. "Dois problemas sobre grafos", Revista Eureka, 2006.

Chandra, B., Karloff, H., Tovey, C., "New results on the old k-opt algorithm for the PCV, in Proceedings 5th ACM-SIAM Symp on Discrete Algorithms, Society for Industrial and Applied Mathematics, Philadelphia, 1994.

Clarke, G. e Wricht, J. W., Scheduling of Vehicles from a Central Depot to a Number of Delivery Points. Operations Research, v. 12, p. 568 – 581, 1963.

Christofides, N. The Travelling Salesman Problem. In: Combinatorial Optimization, Edited by Christofides, N., Mingozzi, A, Toth, P., Sandi, C., John Wiley & Sons Inc., New York, p. 131 – 149, 1979.

Christofides, N. Graph theory: an algorithmic approach, Academic Press, 1975.

Cormen, T.H., Leiserson, C.E., Rivest, R.L. & Stein, C. Introduction to Algorithms. Third Edition. The MIT Press. Cambridge, Massachusetts. London. England. 2009.

Dantzig. G. B., Fulkerson, D. R. & Johnson, S. M., Solution of a large-scale travelling salesman problem. Oper. Res. 2, p. 393-410, 1954.

Eilon, S., Watson-Gandy, C. D. T. & Christofides, N., Distribution Management, Mathematical Modelling and Practical Analysis. London: Charles Griffin & Company Ltd., 1971.

Garey, M.R., Johnson, D.S. Computers and Intractability: A Guide to the Theory of NP-Completeness, New York: W.H. Freeman, 1970.

Garey, M. R. Graham, R. L. e Johnson, D.S., Some NP – Complete Problems, Eigth Annual Symp. Ou Theory of Comput., p.10-22,1976.

Golden, B., Bodin, L., Doyle, T. e Stewart Jr., W., Approximate Travelling Salesman Algorithms. Oper. Res., v.2, p .694-711, 1980.

Glover, F., Stronger cuts in integer programming. Oper. Res. 15, p.1174-1176, 1967.

Gross, J., Yellen, J. Graph Theory and its Applications, the CRC Press series On Discrete Mathematics and its Applications, 1998.

Harary, F. Graph Theory, Addison-Wesley, Reading, Mass, 1969.

Harary, F. Graph Theory, Perseus, Cambridge, MA, 1995.

Harary, F. Graph Theory, Addison-Wesley, Reading, Mass, 3ª Edição, 1972.

Held, M., Karp, R. M., "The Traveling salesman problem and minimum spaning trees".Operations Research, 18,p.1138-1162, 1970.

Held, M., Karp, R. M. "The Traveling salesman problem and minimum spanning trees: Part II". Mathematical Programming 1, 6-25, 1971.

Jonhson, D.S., McGeoch, L.A., "The traveling salesman problem: a case study in local optimization".In Local search in Combinatorial optimization, E. H. L. Aarts e J. K. Lenstra (eds.), John Wiley & Sons, New York, 1997.

Jonhson, D.S., McGeoch, L.A., Rothberg, E.E., "Asymptotic Experimental Analysis for the Held-Karp Traveling Salesman Bound, Proceedings od the 7th Annual ACM-SIAM Symposium on Discrete Algorithms, p. 341-350, 1996.

Johnson, D.S., Papadimitriou, C.H., Yannakakis, M., "How easy is local scarch?, J.Comput.System Sci, 37, 1988.

Karg, R. L. e Thompson, G. L., A heuristic approach to solving traveling salesman problem. Management Sci. v.10, p. 225- 248, 1964.

Krolak, P., Felts, W., e Marble, G., A man-machine approach toward solving the traveling salesman problem. Commun. Assoc. Comput. Mach. 14, p.327-334. 1971.

Kruskal, J.B. On the shortest spanning subtree of a graph and the traveling salesman problem, Proceedings of the American Mathematical Society, 7: 48-50, 1956.

Larsson, T., Patriksson, M. E & Stromberg, A.B., "Conditional subgradient optimization – theory and applications", European Journal of Operational Research 88, p. 382-403, 1996.

Lawler, E. L.: Lenstra, J. K.; Rinnooy Kan, A. H. G. & Shmoys, D. B., The traveling salesman problem, John Wiley and Sons, Chichester, 1985.

Lin, S., Computer solutions of the traveling salesman problem. Bell Syst. Tech. J. 44, p.2245-2269, 1965.

Little, J. D. C., Murty, K. G., Sweeney, D. W., e Karel, C., An algorithm for the traveling salesman problem. Oper. Res. 11, p.979-989,1963.

Lorena, L.A.N. & Narciso, M.G., "Using logical surrogate information in Lagrangean relaxation: na application to symmetric traveling salesman problems" European Journal of Operational Research, 2001 – to apear. Disponível em https://www.lac.inpe.br/~lorena/ejor/98296.pdf.

Lueker, G., manuscript, Princeton University, 1976.

Martin, G. T., Solving the traveling salesman problem by integer linear programming. CEIR, New York,1966.

Miller, C. E., Tucker, A. W., e Zemlin, R. A Integer programming formulation of travelling salesman problems. J. Assoc. Comput. Mach. 7, p.326-329,1960.

Ong, H. D. e Huang, H. C., Asymptotic Expected Performance of Some PCV Heuristics: An Empirical Evaluation. European Journal of Operational Research, v. 43, nº.2, p.231-238, 1989.

Ore, O. Theory of Graphs. American Mathematical Society. Colloq.Publ.38. Amer.Math.Soc. Providence, RI, 1962.

Papadimitriou, C. H. e Steiglitz, K. Combinatorial Optimization: Algorithms and Complexity, New York: Prentice-Hall Inc., p.406-483, 1982.

Papadimitriou, C. H. e Steiglitz, K., Some examples of difficult travelling salesman problem. Operations Res., 26, 1978.

Papadimitriou, C., Steiglitz, K. Combinatorial Optimization: Algorithms and Complexity, Englewood Cliffs, NJ: Prentice-Hall, 1982.

Parker, R.G., Rardin, L.R., "Discrete Optimization". Academic Press, INC, London,1988.

Prim, R.C. The shortest connecting network and some generalizations, Bell Systems Technical Journal, 36, 1389-1401, 1957.

Sahni, S. e Gonzalez, T., P-Complete Approximation Problems.J.ACM, v.23, p.555-565,1976.

Shapiro, D. Algorithms for the solution of the optimal cost traveling salesman problem. Sc.D. Dissertation, Washington Univ., St. Louis, Missouri, 1966.

Shapiro, J. F. "Generalized lagrange multipliers on integer programming". Operations Research, 19, p.68-76, 1971.

Szwarcfiter, J. L. Grafos e Algoritmos Computacionais, Editora Campus, 1984.

Volgenant, T. & Jonker, R., "A branch and bound algorithm for the symmetric traveling salesman problem based on the 1-tree relaxation". European Journal of Operational Research, 9, p. 83-89, 1982.

Valenzuela, C.L., Jones, A.J., "Estimating Held-Karp lower bond for the geometric PCV", 1995.

Whitney, H. Congruent graphs and the connectivity of graphs, American Journal of Mathematics, 54: 150-168, 1932.

Whitney, H. On the abstract properties of linear independence, American Journal of Mathematics, 57: 509-533, 1935.

Impressão e acabamento
Gráfica da Editora Ciência Moderna Ltda.
Tel: (21) 2201-6662